>>> プロフェッショナルワークショップ

# Lightroom ［Classic CC］ 対応版

ライトルーム［Classic CC 対応版］　　吉田浩章 ｜ YOSHIDA HIROAKI

技術評論社

本書に記載された内容は、情報の提供のみを目的としています。したがって、本書を用いた運用は、必ずお客様自身の責任と判断によって行ってください。これらの情報の運用の結果について、技術評論社および著者はいかなる責任も負いません。

本書記載の情報は、2018年4月末日現在のものを掲載していますので、ご利用時には、変更されている場合もあります。また、ソフトウェアに関する記述は、特に断りのないかぎり、2018年4月末日現在での最新バージョンを元にしています。ソフトウェアはバージョンアップされる場合があり、本書での説明とは機能内容や画面図などが異なってしまうこともあり得ます。本書ご購入の前に、必ずバージョン番号をご確認ください。

本文中に使用している画像に関しては、Adobe Photoshop Lightroom Classic CCとMacの組み合わせを使用しています。その他の組み合わせでは画面上多少の違いがありますが、学習には問題ありません。また、操作に相違がある場合、本文中にその旨を明記してあります。

本書のCHAPTER 5「実践RAW現像」の解説に使用した画像ファイルは、弊社のホームページからダウンロードして利用することができます。ダウンロードした画像ファイルは必ず「本書の使い方」をお読みになった上で、ご利用ください。ダウンロードした画像ファイルの使い方および利用のための条件が記載されています。画像ファイルを操作した結果、お使いのパソコンの環境などによっては、本書と同じ結果にならない場合があります。
写真画像ファイルの著作権は吉田浩章にあり、本書の学習目的を超えた利用は固く禁じます。特に第三者への譲渡、二次利用に関して固くお断りいたします。

これらの注意事項をお読み頂かずに、お問い合わせ頂いても、技術評論社および著者は対処しかねます。あらかじめ、ご承知おきください。

Adobe LightroomはAdobe Systems Incorporated（アドビシステムズ社）の米国並びに他の国における商標または登録商標です。その他、本文中に記載されている製品の名称は、すべて関係各社の商標または登録商標です。

## はじめに

Adobe Photoshop Lightroom 3対応版として出版した本書もこれで4代目となりました。基本的な構成は初めから変わっておらず、全モジュールと全現像パラメーターを取り上げていることが特徴です。本書の構成を大きく変える必要がなかったのは、Lightroomそのものに大きな変化がなく、よくできたソフトだったからともいえるでしょう。

ところで、Lightroomといえば、今やプロフォトグラファーのみならず写真愛好家には広くよく知られた「写真ソフト」です。「写真ソフト」と記述したのは、Lightroomに対して「現像ソフト」というカテゴライズをしてほしくないからです。Lightroomは、当初からさまざまなRAWに対応しているため「汎用RAW現像ソフト」というイメージが強いのですが、強みはそれだけではありません。画像整理の機能、撮影地管理の機能、多彩なプリント機能、Webや紙などでギャラリーや写真集を作成する機能など、写真を扱う作業のほとんどをフォローします。ゆえに「現像ソフト」に限らず「写真ソフト」というわけです。

豊富な機能を持つLightroomですが、現像機能以外に注目してほしいのが、画像の分類や整理、管理の機能です。撮った写真に対して分類・整理の情報(カラーラベルやレーティング、キーワードなど)を付けておけば、撮影から数年後でも必要な写真をすぐに見つけ出すことができます。多機能で強力な「現像ソフト」としてLightroomを手にする人も多いと思います。それも大きな魅力ですが、たくさんの枚数を撮るデジタルカメラの時代だからこそ、蓄積された数千枚、数万枚の写真の中から必要な写真をすぐに拾い上げることのできるLightroomは、写真を撮り、また発表したい人にとって必須のツールといえます。

Lightroomの魅力を詳細に語るには、本書でも足りません。しかしながら、Lightroomを使いこなせる程度には、内容を盛り込んだつもりです。本書がLightroomをハブとした読者の方々の写真ライフのお役に立てれば幸いです。

2018年5月　吉田浩章

# CONTENTS

本書の使い方 ... 8

## CHAPTER 1 イントロダクション（事前に行うべきこと）

01 Lightroomの概要 ... 10
02 カタログの作成と画像の読み込み ... 15
03 カタログを上手に利用する ... 22
04 IDプレートと透かし ... 27

## CHAPTER 2 ライブラリモジュール

01 ライブラリモジュールの画面構成 ... 30
02 画像のブラウズ（グリッド表示とルーペ表示） ... 34
03 画像へのマーキングとフィルタリング ... 38
04 比較表示と選別表示 ... 43
05 人物表示（顔検出） ... 46
06 コレクション ... 48
07 キーワード ... 51
08 メタデータパネル ... 54

## CHAPTER 3 現像モジュール

01 現像モジュールの画面構成と処理バージョン ... 58
02 プリセット ... 60
03 スナップショット ... 62
04 ヒストリー ... 64
05 補正前と補正後の比較表示 ... 66
06 現像調整設定の流用と初期化 ... 70
07 参照ビュー ... 72
08 書き出し ... 73

## CHAPTER 4 ［現像］モジュールパラメーターリファレンス

01 キャリブレーション ▶▶▶ 処理 ... 76
02 基本補正 ▶▶▶ プロファイル ... 77
03 基本補正 ▶▶▶ プロファイルブラウザー ... 78
04 基本補正 ▶▶▶ ホワイトバランス選択とホワイトバランス ... 79
05 基本補正 ▶▶▶ 色温度 ... 80
06 基本補正 ▶▶▶ 色かぶり補正 ... 81
07 基本補正 ▶▶▶ 自動補正 ... 82
08 基本補正 ▶▶▶ 露光量 ... 83
09 基本補正 ▶▶▶ コントラスト ... 84

| | | |
|---|---|---|
| 10 | 基本補正 ▶▶▶ ハイライト | 85 |
| 11 | 基本補正 ▶▶▶ シャドウ | 86 |
| 12 | 基本補正 ▶▶▶ 白レベル | 87 |
| 13 | 基本補正 ▶▶▶ 黒レベル | 88 |
| 14 | 基本補正 ▶▶▶ 明瞭度 | 89 |
| 15 | 基本補正 ▶▶▶ かすみの除去 | 90 |
| 16 | 基本補正 ▶▶▶ 自然な彩度 | 91 |
| 17 | 基本補正 ▶▶▶ 彩度 | 92 |
| 18 | トーンカーブ ▶▶▶ ハイライト | 93 |
| 19 | トーンカーブ ▶▶▶ ライト | 94 |
| 20 | トーンカーブ ▶▶▶ ダーク | 95 |
| 21 | トーンカーブ ▶▶▶ シャドウ | 96 |
| 22 | トーンカーブ ▶▶▶ ポイントカーブメニューのオプション | 97 |
| 23 | トーンカーブ ▶▶▶ ポイントカーブ編集 | 98 |
| 24 | トーンカーブ ▶▶▶ チャンネル | 99 |
| 25 | HSL ▶▶▶ 色相 | 100 |
| 26 | HSL ▶▶▶ 彩度 | 101 |
| 27 | HSL ▶▶▶ 輝度 | 102 |
| 28 | カラー | 103 |
| 29 | B&W ▶▶▶ 白黒ミックス | 104 |
| 30 | 明暗別色補正 ▶▶▶ 色相 | 105 |
| 31 | 明暗別色補正 ▶▶▶ 彩度 | 106 |
| 32 | 明暗別色補正 ▶▶▶ バランス | 107 |
| 33 | ディテール ▶▶▶ シャープ：適用量 | 108 |
| 34 | ディテール ▶▶▶ シャープ：半径 | 109 |
| 35 | ディテール ▶▶▶ シャープ：ディテール | 110 |
| 36 | ディテール ▶▶▶ シャープ：マスク | 111 |
| 37 | ディテール ▶▶▶ ノイズ軽減：輝度 | 112 |
| 38 | ディテール ▶▶▶ ノイズ軽減：ディテール（輝度） | 113 |
| 39 | ディテール ▶▶▶ ノイズ軽減：コントラスト | 114 |
| 40 | ディテール ▶▶▶ ノイズ軽減：カラー | 115 |
| 41 | ディテール ▶▶▶ ノイズ軽減：ディテール（カラー） | 116 |
| 42 | ディテール ▶▶▶ ノイズ軽減：滑らかさ | 117 |
| 43 | レンズ補正 ▶▶▶ プロファイル：色収差を除去 | 118 |
| 44 | レンズ補正 ▶▶▶ プロファイル：プロファイル補正を使用 | 119 |
| 45 | レンズ補正 ▶▶▶ 手動：ゆがみ | 120 |
| 46 | レンズ補正 ▶▶▶ 手動：フリンジ削除 | 121 |
| 47 | レンズ補正 ▶▶▶ 手動：周辺光量補正：適用量 | 122 |
| 48 | レンズ補正 ▶▶▶ 手動：周辺光量補正：中心点 | 123 |

## CONTENTS

- 49 変形 ▶▶▶ Upright ... 124
- 50 変形 ▶▶▶ 垂直方向 ... 125
- 51 変形 ▶▶▶ 水平方向 ... 126
- 52 変形 ▶▶▶ 回転 ... 127
- 53 変形 ▶▶▶ 縦横比 ... 128
- 54 変形 ▶▶▶ 拡大・縮小 ... 129
- 55 変形 ▶▶▶ Xオフセット、Yオフセット ... 130
- 56 効果 ▶▶▶ 切り抜き後の周辺光量補正：適用量 ... 131
- 57 効果 ▶▶▶ 切り抜き後の周辺光量補正：中心点 ... 132
- 58 効果 ▶▶▶ 切り抜き後の周辺光量補正：丸み ... 133
- 59 効果 ▶▶▶ 切り抜き後の周辺光量補正：ぼかし ... 134
- 60 効果 ▶▶▶ 切り抜き後の周辺光量補正：ハイライト ... 135
- 61 効果 ▶▶▶ 粒子：適用量 ... 136
- 62 効果 ▶▶▶ 粒子：サイズ ... 137
- 63 効果 ▶▶▶ 粒子：粗さ ... 138
- 64 キャリブレーション ▶▶▶ シャドウ：色かぶり補正 ... 139
- 65 キャリブレーション ▶▶▶ 色度座標値 ... 140
- 66 ヒストグラム ... 141
- 67 フレーム切り抜きツール ... 142
- 68 角度補正 ... 143
- 69 スポット修正 ▶▶▶ コピースタンプ ... 144
- 70 スポット修正 ▶▶▶ 修復 ... 145
- 71 赤目修正 ... 146
- 72 段階フィルター ... 147
- 73 円形フィルター ... 148
- 74 部分補正の範囲マスク ... 149
- 75 補正ブラシ（明るさや色のスポット補正） ... 150
- 76 補正ブラシ（ディテールの補正） ... 151
- 77 補正ブラシ ▶▶▶ サイズ ... 152
- 78 補正ブラシ ▶▶▶ ぼかし ... 153
- 79 補正ブラシ ▶▶▶ 流量 ... 154
- 80 補正ブラシ ▶▶▶ 密度 ... 155
- 81 補正ブラシ ▶▶▶ 自動マスク ... 156

## CHAPTER 5　実践RAW現像

- 01 くすんだ写真を鮮やかにする ... 158
- 02 テーブルのシーンを爽やかに仕上げる ... 162
- 03 段階フィルターで空を部分補正する ... 166
- 04 円形フィルターで楕円状に色と明るさを補正する ... 170

- 05 補正ブラシでスポット的に部分補正をする ……… 174
- 06 都会の夜景写真をHDR調に仕上げる ……… 178
- 07 暗い屋内の写真をきれいに仕上げる ……… 182
- 08 曇天のひまわり畑を真夏の雰囲気にする ……… 186
- 09 山の風景写真をクリアで鮮やかにする ……… 190
- 10 ノイズが目立つ夜景写真をきれいに仕上げる ……… 194
- 11 透明感のある肌が印象的なポートレート写真 ……… 198
- 12 範囲マスクを使って高度な部分補正を行う ……… 202

## CHAPTER 6　マップモジュール

- 01 地図と撮影位置を表示する ……… 208
- 02 画像に位置情報を添付する ……… 210
- 03 マイロケーション ……… 212
- 04 マップモジュールのその他の機能 ……… 214

## CHAPTER 7　ブックモジュール

- 01 写真集作成の流れ ……… 218
- 02 画面構成とパラメーター ……… 222

## CHAPTER 8　スライドショーモジュール

- 01 スライドショーを実行する ……… 230
- 02 画面構成とパラメーター ……… 233

## CHAPTER 9　プリントモジュール

- 01 1枚の用紙に1つの画像をプリントする ……… 244
- 02 複数の画像を1枚に配置するサムネールプリント ……… 248
- 03 画面構成とパラメーター ……… 250

## CHAPTER 10　Webモジュール

- 01 Web写真ギャラリー作成のための基本操作 ……… 262
- 02 画面構成とパラメーター ……… 264

## APPENDIX　Lightroom CC

- 01 Lightroom CCについて ……… 272
- 02 画像の追加、ブラウズ、セレクト ……… 274
- 03 画像の現像 ……… 278
- 04 クラウドにまつわるあれこれ ……… 282

　　索引 ……… 285

# 本書の使い方

## 各モジュールの操作解説

まず最初に、「CHAPTER 1 イントロダクション」を読んで、Lightroomに［カタログ］を作成してください。［カタログ］がないと、すべてのモジュールを操作することができません。

CHAPTER 1　イントロダクション
　　　　　　（事前に行うべきこと）

［カタログ］が作成されたならば、モジュールと呼ばれる、Lightroomの7つの機能が利用できます。各モジュールの基本操作をマスターするには、次の章を読んでください。

CHAPTER 2　ライブラリモジュール
CHAPTER 3　現像モジュール
CHAPTER 6　マップモジュール
CHAPTER 7　ブックモジュール
CHAPTER 8　スライドショーモジュール
CHAPTER 9　プリントモジュール
CHAPTER 10　Webモジュール

7つのモジュールにおいて、［ライブラリ］モジュールは他のすべてのモジュールに関係しています。そのため、［ライブラリ］モジュールの操作については、まず最初にマスターしておきましょう。

## 写真の現像作業

LightroomにおけるRAW現像の作業は、［現像］モジュールにある多くのパラメーターの値を変えながら、自分の思い通りに写真画像を仕上げていくことです。すなわち［現像］モジュールの使い方とは、RAW現像に関する各パラメーターの操作をマスターすることです。

CHAPTER 4　［現像］モジュール
　　　　　　パラメーターリファレンス

ここでは、すべてのパラメーターひとつひとつを1ページごとに解説しています。
ただし、同じ機能のパラメーターが複数のパネルで使われています。たとえば、［露光量］パラメーターは［基本補正］パネルと［段階フィルター］、［円形フィルター］と［補正ブラシ］に存在しています。そしてパラメーターとしての機能は同じです。このような場合、1つのパネルだけで解説を行っています。

CHAPTER 5　実践RAW現像

ここでは、RAW現像の実践例を12個解説しています。12事例で扱ったRAW画像データは、弊社ホームページよりダウンロードして利用することができます（ただし、肖像権の関係でSection 11の人物画像はありません）。

## ダウンロードして利用する画像ファイル

以下のURLにアクセスすると、

http://gihyo.jp/book/2018/978-4-7741-9827-9

CHAPTER 5にて扱ったRAW画像データをダウンロードすることができます。
ダウンロードファイルはZIP形式の圧縮ファイルになっております。ダウンロード後、解凍すると［DATA］というフォルダーが作成されます。このフォルダーにCHAPTER 5のSeciton 01からSection 12までのフォルダーがあります（肖像権の関係でSection 11フォルダーはありません）。これらのフォルダーがCHAPTER 5の各Sectionに対応しております。各フォルダーの中にそれぞれひとつずつRAW画像データがあります。RAW画像ファイルはパソコンのHDDにコピーしたあと、［写真の読み込み］機能を使ってLightroomに取り込み、それから操作してください。

なお、ダウンロード後に解凍したRAWファイルの著作権は吉田浩章にあり、本書の学習目的を超えた利用は固く禁じます。特に第三者への譲渡、二次利用に関して固くお断りいたします。

CHAPTER 1

イントロダクション
（事前に行うべきこと）

# 01 Lightroomの概要

Adobe Photoshop Lightroom Classic CC（以下Lightroom）は、デジタル写真のワークフローをサポートするソフトです。この章では、まずLightroomの概要と画像の読み込み方法など、操作する前に知っておくべきことについて解説します。

## 01 写真作業をフォローするLightroom

Lightroomは強力な現像機能をそなえた、デジタル写真に関する一連の作業を支援してくれるソフトです。PCでのデジタル写真の作業には、テザー撮影（PCとカメラをつなぎ、PCからカメラを制御し撮影すること）、PCへのデータ取り込み、写真のブラウズと選別および管理、現像を含めた画像処理、プリントやWeb公開などがありますが、Lightroomはそのすべてをフォローします。デジタル写真を扱う上でLightroomにできないことは、ほとんどありません。

ただし、画像合成やフィルターを使った特殊効果などの処理には対応していません。そのようなデザイン的な処理にはPhotoshopが必要です。Lightroomはあくまで「写真を写真的に表現する」のに適したソフトであるといえるでしょう。

写真を扱うソフトには、たとえば写真のブラウズが得意なソフト、現像や画像処理が得意なソフトなどがあります。Lightroomの大きな特徴は、複数の異なる作業をLightroomだけで完結させられること、そして、それぞれの機能が非常に優れていることです。

また、快適な動作および操作性も特徴のひと

**図1** Lightroom Classic CCの画面

つです。ただ、そのためにLightroom独特の操作ルールがあり、最初は戸惑うかもしれません。しかし、そのルールに慣れてしまうと、逆に手放せなくなるほどの便利さを感じることもできます。ぜひLightroomの世界を堪能してください。

## 02 RAW現像ソフトとして

Lightroomは一般には「RAW現像ソフト」というイメージが定着しているようです。確かに、多くの優れた現像機能を有しているので、現像ソフトとしてだけ使っても十分に価値があります。しかし、現像機能だけでよいのであれば、PhotoshopのCamera Rawでも同じです。数枚の画像に対し、シンプルに現像処理だけをしたいのであれば、むしろCamera Rawの方が使いやすいでしょう。

ではLightroomを使う理由は何でしょうか。それは、先にも述べたデジタル写真の作業全般を支援してくれるということです。特に、画像の整理や管理の機能は非常に優れています。写真を撮影したあとの作業を振り返れば、何百枚、あるいは何千枚も撮ってきた写真の中からベストショットを選び抜く、そのことに多くの時間を割いているはずです。Lightroomを使えば、画像の選別や整理、管理の作業が効率よく行えるようになります。RAW現像だけに限らないLightroomの大きなメリットです。

**図2** Photoshop CCのCamera RawはLightroom CCと同等の現像機能をそなえている

## 03 7つのモジュールから構成されている

Lightroomには、[モジュール]という7つの動作モードがあり、切り替えて使います。画面上部に[ライブラリ][現像][マップ][ブック][スライドショー][プリント][Web]とあるのが[モジュールピッカー]で、それぞれをクリックすると、モジュールが切り替わります。各モジュールの操作方法については、対応する各章で取り上げます。

ライブラリ | 現像 | マップ | ブック | スライドショー | プリント | Web

**図3** モジュールピッカー

**図4** [ライブラリ]モジュール

図5 ［現像］モジュール

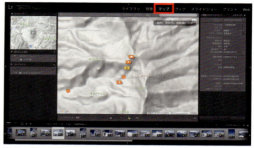

図6 ［マップ］モジュール

図7 ［ブック］モジュール

図8 ［スライドショー］モジュール

図9 ［プリント］モジュール

図10 ［Web］モジュール

## 04 読み込み方式の採用

先にLightroomには独特のルールがあると書きましたが、その最たるものが、「最初に画像を読み込む（登録する）」という方式を採用していることでしょう。

通常の画像ブラウザや現像ソフトなら、画像ファイルにアクセスするだけで、その画像を見たり現像したりすることができます。しかしLightroomでは、「読み込み」という作業を行うまでは、画像を見ることすらできません。この仕組みに違和感を覚えて、「Lightroomは使いにくい」と感じる人もいます。しかし、これは、その後の作業を快適に行うための代償です。どのような快適さがあるかというと、たとえば、画像のブラウズが高速に行えることや、条件に合った画像を瞬時に表示できること、画像に対して行った現像調整などの内容を記録しておくことなどです。

Lightroomでは、画像を読み込むということはLightroomに画像を登録するということになります。読み込み直後は、画像のリンク（保存場所）情報や撮影時のExif情報の吸い出し、サムネイル画像の生成などが行われます。読み込み後、Lightroomで作業するにつれ、ラベルやレーティング、現像調整内容などの情

報が付加されていきます。これらはLightroom独自の管理ファイルである「カタログ」というファイルに記録されます。

① 最初に画像を読み込む
③ 拡大表示や現像時にアクセス
④ 現像情報などを記録
② リンク先やプレビューを取得してカタログ化

ハードディスクなどに保存されている画像

カタログ

**図11** Lightroomのデータ管理模式図

## 05 外付けハードディスクに画像を保存する

Lightroomでは、ユーザのPCスキルや環境に合わせ、いくつかの運用形態が考えられますが、注意したいのは画像をどこに保存するかということです。

現在のパソコンでは、特に何もしなければ、デジタルカメラやメモリカードを接続すると、読み込み画面が現れます。そこでよく見受けられるのが、そのまま「OK」する光景です。それが「最も悪い操作」といえます。

というのも、パソコンやインストールされているソフトの初期設定(Lightroomも含めて)では、画像は「ピクチャ」フォルダーに保存されます。そのピクチャフォルダーは、通常はOSが入ったシステムディスクにあります。ということは、その後PCでの操作を重ねていくと、いずれ起動ディスクが画像ファイルで埋め尽くされることになります。埋め尽くされるだけならよいですが、十分な空き容量を失った起動ディスクでは、OSの動作が不安定となり、

PC自体が起動しなくなったり、ファイルが破壊されたりすることがあります。つまりせっかく撮った写真を失いかねないということです。そのような危険な事態を避けるには、外付けハードディスクを用意し、それに画像ファイルを保存するのが一番です。その際は、手動で画像ファイルを外付けハードディスクにコピーします。

**図12** 画像ファイルは外付けハードディスクに保存する

013

やがて、ハードディスクがいっぱいになったらさらにハードディスクを追加していけば、将来的に画像ファイルが増えても対応できます。あるいは風景写真を保存するためのハードディスク、ポートレート写真を保存するためのハードディスクなど、写真の内容に合わせてハードディスクを使い分けるといった運用も考えられます。

外付けハードディスクに画像を保存する利点としては、パソコンを買い換えてもそのハードディスクをつなぎ直すだけで画像の移行が完了する、ということも挙げられます。
なお、画像ファイルは、撮影ごとに日付や場所名の入ったフォルダーを作成して保存すると、あとからでも画像を探し出しやすくなります。

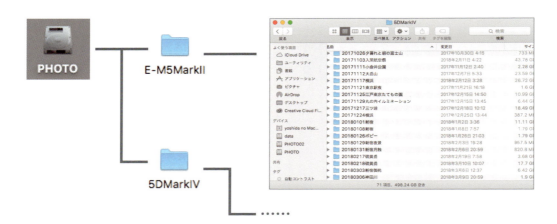

図13　画像ファイルを保存するフォルダー名は「年月日＋ロケ地」などのようにすると、システマチックに管理しやすくなる

# 02 カタログの作成と画像の読み込み

Lightroomは他のソフトと異なり、「最初に画像を読み込む（登録する）」方式を採用しており、読み込んだ画像は「カタログ」という単位で管理されます。
［カタログ］は読み込んだ画像のサムネールやプレビュー、実画像へのリンク情報、現像調整した画像の現像情報などを保管する、Lightroomに必須のファイルです。

## 01 カタログを作る

Lightroomを初めて起動すると、**図1**のように「Lightroomカタログが見つかりません」といったメッセージが表示されます。
Lightroomにとってカタログは必須なので、この場合［初期設定のカタログを使用］ボタンをクリックします。すると、カタログは所定の場所に自動的に作成され、Lightroomが起動します。なお、初期設定のカタログは、Mac、Windowsともに［ピクチャ］フォルダー内に作成されます。

**図1** インストール直後にLightroomを起動した際の画面。
［初期設定のカタログを使用］をクリックして、カタログを作るとLightroomが起動する

## 02 画像を読み込む

画像を読み込むには、モジュールピッカーで［ライブラリ］を選択して［ライブラリ］モジュールを表示します。［ファイル］メニューの［写真とビデオを読み込み］を選ぶか（**図2**）、Lightroomの画面左下部にある［読み込み］ボタンをクリックすると（**図3**）、画像の読み込み画面が開きます。
なお、［ライブラリ］モジュールが選ばれている場合は、デスクトップからフォルダーや画像をLightroomにドラッグ＆ドロップすることでも読み込み画面になります。

**図2** ［写真とビデオを読み込み］メニュー

**図3** ［読み込み］ボタン

## 03 読み込みの設定

図4が読み込み画面です。左側の［ソース］欄で読み込み元のフォルダーを指定します。［ソース］欄上部にある［サブフォルダーを含める］にチェックが入っていると、指定したフォルダーに含まれる下層フォルダー内の画像も読み込み対象になります。サムネール表示されている画像のうち、読み込みたくない画像に対しては、サムネールのチェックを外してください。

画面中央上の［読み込み方法］ですが、これには4種類があり、読み込む画像がハードディスクにあるか撮影済みのメモリカードにあるかによって選べる項目が異なります。ハードディスクに画像が保存されている場合、すべての項目が選べますが、メモリカードから読み込む場合は、［DNG形式でコピー］か［コピー］になります。一般的には、ハードディスクに画像を保存しているような場合、［追加］を選びます。これは画像ファイルの移動はありません。メモリカードから読み込む場合は、［コピー］を選びます。［コピー］を選択すると、メモリカード内の画像が、読み込み画面の右側にある［保存先］で指定したフォルダーに保存されます。［ファイル管理］の［プレビューを生成］では読み込み後のプレビューサイズを指定します。［最小］［埋め込みとサイドカー］［標準］［1:1］があります。［スマートプレビューを生成］では読み込み後に、（保存した外付けハードディスクを取り外して）オリジナル画像が見つからない場合でも現像調整ができるようになります。ただ、どちらも時間がかかるので［プレビューを生成］は［最小］にし、［スマートプレビューの生成］のチェックは外しておくとよいでしょう。

読み込み後にプレビューサイズの変更やスマートプレビューを生成したい場合、［ライブラリ］メニューの［プレビュー］のメニューを選びます。また、プレビューサイズの［標準］は［カタログ設定］画面の［ファイル管理］で指定されたサイズになります。［重複を読み込まない］がチェックされていると、同じ画像の二重読み込みを防ぐことができます。［DNG形式でコ

**図4** Lightroomの読み込み画面

ピー]や[コピー][移動]が選ばれているときは[別のコピーの作成先]がアクティブになります。[保存先]とは別に指定したフォルダーに画像がバックアップされます。

[ファイル名の変更]欄では、日付や任意の文字、連番を付けるなどで、読み込み時にファイル名を変更することができます。ただし、[追加]以外の読み込み方法が選ばれているときに有効になります。

[読み込み時に適用]欄の[現像設定]を利用すると、画像を読み込む際に、指定した現像設定（プリセット）を反映させることができます。[メタデータ]では入力済みのメタデータを画像に添付できます。[キーワード]は入力欄に入力した文字をキーワードとして画像に添付します。

[保存先]欄では、読み込んだ画像を保存するフォルダーを指定します。ただし、[追加]を選んでいる場合、この欄は表示されません。[追加]以外を選んで読み込む場合は、特に何もしないと[ピクチャ]フォルダーが選ばれます。OSのあるシステムディスクの容量がいっぱいになるのを防ぐため、外部ハードディスクなどを指定するようにしましょう。

以上の設定や指定が終わったら、[読み込み]ボタンをクリックして読み込みを開始します。

図5　読み込み方法が[追加]の場合の読み込みオプション。[ファイル管理]と[読み込み時に適用]の2つの欄が表示される

図6　読み込み方法が[追加]以外の場合の読み込みオプション。[ファイル管理]と[読み込み時に適用]に加えて[ファイル名の変更]と[保存先]が表示される

| 読み込み方法 | 内容 |
|---|---|
| DNG形式でコピー | コピー元のオリジナル画像を残して、カタログのあるフォルダーにオリジナルと同じ画像をDNG形式に変換してコピーします。読み込んだあとは、カタログフォルダー内の画像を利用するため、コピー元の画像は不要です。コピー元のオリジナル画像はそのまま残り、バックアップとなるため安全度は高いですが、十分なハードディスクの容量が必要になります |
| コピー | コピー元のオリジナル画像を残して、カタログのあるフォルダーにオリジナルと同じ画像を同じファイル形式でコピーします。読み込んだあとは、カタログフォルダー内の画像を利用するため、コピー元の画像は不要です。コピー元のオリジナル画像はそのまま残り、バックアップとなるため安全度は高いですが、十分なハードディスクの容量が必要になります |
| 移動 | コピー元からカタログのあるフォルダーに画像を移動して読み込みます。コピー元の画像は削除されます。オリジナル画像がカタログ内にしか残らないので、この仕組みを理解していないと安全度は低いです |
| 追加 | コピー元のオリジナル画像を参照して読み込みます。カタログにはプレビューが生成されます。100％以上の表示や現像時にオリジナル画像を参照します。画像をきちんと管理しているならば、この方法がよいでしょう |

表1　Lightroomの4つの読み込み方法

## 04　読み込みを確認

図7は画像の読み込みを行ったあとの状態です。画面中央に画像のサムネールが表示されます。また、画面左の［カタログ］パネルでは［前回の読み込み］が選ばれます。

ここでは［サブフォルダーを含める］にチェックを入れた状態で［5DMarkIV］フォルダーを選んで読み込んだため、［5DMarkIV］フォル

ダー内の5つのフォルダーが一気に読み込まれました。［フォルダー］パネルで［5DMarkIV］の▼をクリックして開くと、図8のように下位のフォルダーを確認できます。また、下位のフォルダーをクリックすると、そのフォルダーに含まれる画像だけがサムネールに表示されます。

図7　画像の読み込み直後は［前回の読み込み］が選ばれ、そのサムネールが表示される

図8　上位−下位の構造があるフォルダーを読み込んだ場合は、▼をクリックして下位フォルダーを表示したり、隠したりできる。フォルダーの横の数字は含まれる画像の数を示す

## 05　フォルダーと画像の表示

[上位][下位]というフォルダーの関係がある場合、上位のフォルダーを選んだ状態で、そこに含まれる下位フォルダー内のすべての画像を表示したり、表示させなかったりすることができます。これは、[ライブラリ]メニューの[サブフォルダー内の写真を表示]で指定します。
また個別のフォルダーをクリックして選ぶと、そのフォルダー内の画像だけが表示されます。

**図9**　[サブフォルダー内の写真を表示]のメニュー

**図10**　[サブフォルダー内の写真を表示]がチェックされていないと上位フォルダーの選択では下位フォルダー内の画像は表示されない

**図11**　[サブフォルダー内の写真を表示]がチェックされていれば下位フォルダー内の画像が表示される

## 06 フォルダーの同期

Lightroomに読み込まれたフォルダー内に画像や画像が含まれるフォルダーが追加された場合は、[フォルダーを同期]という機能を使って、追加された画像やフォルダーを自動的に見つけ出し、その差分を読み込むことができます。

たとえば、読み込み済みのフォルダー(**図12**、**図13**)に対して、新たに画像が含まれる3つのフォルダーを追加したとします(**図14**)。ここで[フォルダーを同期]すると、追加したフォルダーの画像が読み込まれLightroomに反映されます。

操作は、上位フォルダー(ここでは[5DMarkIV])を右クリックし(Macではctrlキー+マウスクリック)、メニューから[フォルダーを同期]を選びます(**図15**)。すると[フォルダーを同期]の画面が現れます。ここでオプション設定できますが、通常はそのまま[同期]ボタンをクリックします(**図16**)。読み込み画面に変わるので[読み込み]ボタン(**図17**)をクリックすれば、差分が読み込まれます(**図18**)。

ここでは追加されたフォルダーを対象にしましたが、読み込み済みのフォルダーに新たに画像を追加した場合も、この[フォルダーを同期]で読み込ませることができます。

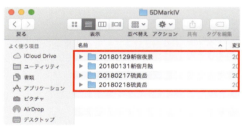

**図12** 読み込み済みのフォルダー

**図14** 新たに画像が入ったフォルダーを追加

**図16** 同期の確認画面で[同期]を選ぶ

**図13** 読み込み済みのフォルダーが反映されたLightroom

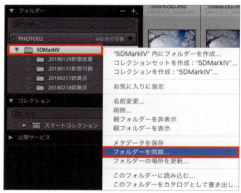

**図15** 上位フォルダーを右クリックし[フォルダーを同期]を選ぶ

**図17** 読み込み画面になるので[読み込み]をクリックする

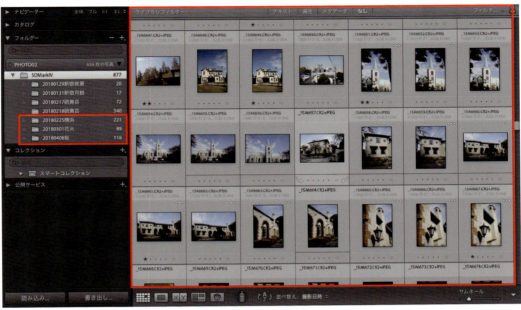
図18　追加されたフォルダーと画像が表示される

## 07　フォルダーの移動・削除

読み込み済みのフォルダーの名前を変えたり移動したりすると、図19のようにLightroomの管理データ（カタログ）に不整合が発生し、移動したフォルダーに［?］が表示されます。フォルダーの保存場所がわかる場合は、不明のフォルダーにマウスを合わせて右クリックし、［見つからないフォルダーを検索］を選択します。［見つからないフォルダーを検索］画面（図20）で該当するフォルダーを選び、［選択］ボタンをクリックすれば、Lightroomのカタログデータが整合します（図21）。

また、フォルダーを削除する場合、図19のメニューで［削除］を選び、カタログからそのフォルダー情報を削除します。

画像を移動した場合、画像を自動で再リンクする機能がないため、不明のままとなります。移動した画像を元のフォルダーに戻せば元に戻ります。

図19　［?］のマークが表示されたフォルダーで右クリックし［見つからないフォルダーを検索］を選ぶ

図20　［見つからないフォルダーを検索］画面で、移動したフォルダーを［選択］する

図21　カタログが更新され、［?］マークが消える

# 03 カタログを上手に利用する

Lightroomのカタログに含まれる画像の数が多くなると、パフォーマンス低下の原因になります。最適化を行ったり、写真を整理しやすい形でカタログを使い分けたりなどして、上手にLightroomを利用しましょう。

## 01 カタログを最適化する

Lightroomを使い続けていくと、Lightroomのパフォーマンスが低下することがあります。その場合は、[カタログを最適化]を行ってみましょう。この作業によって、ある程度のパフォーマンスを取り戻すことができます。

最適化は[ファイル]メニューから[カタログを最適化]を選びます(**図1**)。確認メッセージが表示されるので[最適化]ボタンをクリックします(**図2**)。

図1　[カタログを最適化]メニュー

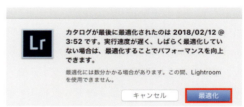

図2　最適化の確認画面

## 02 カタログを使い分ける

1つのカタログに大量の写真を保持すると、Lightroomの動作が遅くなることがあります。プロカメラマンのように大量に写真を撮る場合、複数のカタログを使い分けるとよいでしょう。

たとえば、[人物][スナップ][風景]といったように写真のジャンルで分けたり、あるいは[2017年][2018年]といったように年月で分けたりすることなどが考えられます。

新しいカタログは、[ファイル]メニューの[新規カタログ]で作成できます(**図3**)。カタログファイルの作成場所も自由に選べます(**図4**)。複数のカタログがある場合、逐次、[ファイル]メニューの[カタログを開く]でそれらのカタログを読み込み直します。

図3　[新規カタログ]メニュー

**図4** ［新規カタログを含むフォルダーを作成］画面で、カタログの名前を入力し、カタログの保存場所を指定する

## 03 カタログの一部を別のカタログとして書き出す

カタログに登録したフォルダーや画像が多くなりすぎると、どうしても管理が煩雑になってきます。その場合、頻繁に使うフォルダーなどを指定して、別のカタログとして書き出すことができます。

別カタログとして書き出すフォルダーを選択して、［ファイル］メニューか右クリックメニューの［このフォルダーをカタログとして書き出し］を選択します（**図5**）。［カタログとして書き出し］画面（**図6**）のオプションを指定します。書き出すためのフォルダーではなく画像を選択していた場合、［選択した写真だけを書き出し］を選ぶことができます。その他、元画像やプレビューも含めるのかなどを指定することができます。他のパソコンでこのカタログを使用したい場合は、元画像がないとまずいので［元画像を書き出し］にチェックを入れて書き出すようにしてください。

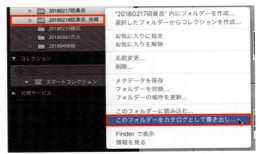

**図5** Lightroomでフォルダー上で右クリックして［このフォルダーをカタログとして書き出し］を選ぶ。選ぶフォルダーは複数でも可

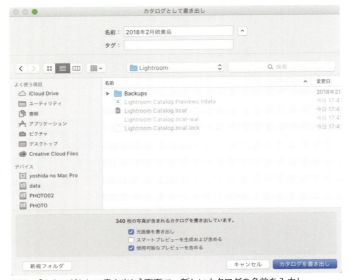

**図6** ［カタログとして書き出し］画面で、新しいカタログの名前を入力し、保存先を選ぶ

## 04 カタログ同士を結合する

複数のカタログがある場合、Lightroomで開いているカタログに、別のカタログを結合することができます。カタログの書き出しと読み込みを利用して、カタログを再整理する場合に便利です。

最初に［ファイル］メニューの［別のカタログから読み込み］を選択します（**図7**）。次に結合するカタログを選択します（**図8**）。ダイアログが開くので、［読み込み］ボタンをクリックして読み込みます（**図9**）。このときオリジナル画像を移動するかどうか、移動する場合はその場所を指定できます。

**図7** ［別のカタログから読み込み］メニュー

**図8** 別のカタログを選択する

**図9** 確認画面で確認し［読み込み］をクリックしてカタログを結合する

**図10** 画像が別のハードディスクにある場合、Lightroom上でもそれが反映される

## 05 カタログのバックアップ

手間と時間をかけて、数千枚、数万枚の画像を読み込んだカタログは、ひとつの財産ともいえます。現像調整を行ったり、またレーティングやカラーラベル、キーワードなどを付けたりして画像を管理していればなおさらです。そのような貴重なカタログを、何らかのトラブルで失わないために、Lightroomにはカタログのバックアップ機能が用意されています。

カタログのバックアップは、通常Lightroomの終了時に、バックアップを行うかどうかを尋ねてきます。その頻度は、[編集]メニュー（Macでは[Lightroom]メニュー）の[カタログ設定]の[一般]パネルの[カタログのバックアップ]で指定します（**図11**）。バックアップのタイミングが来ると、Lightroomの終了時に**図12**のような画面が現れ、バックアップを促します。

バックアップはZIP形式で圧縮され保存されます。使用中のカタログが破損した場合、そのZIPファイルを解凍し、ピクチャフォルダーに移動したのち、開いて使用してください。なお、バックアップされたカタログは基本的に直近のものがあればよいので、古いバックアップファイルは削除してもかまいません。

**図11** [カタログ設定]の[一般]パネルでバックアップのタイミングを指定できる

**図12** 指定したスケジュールになると、このようなバックアップを促す画面が表示される。保存先の指定もできる

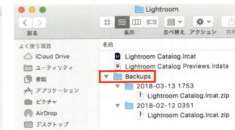

**図13** バックアップされたカタログは[Backups]というフォルダーに保存される。使っているカタログが壊れたら、フォルダーから取り出して解凍し、Lightroomで読み込めばよい

## 06 カタログ設定

［カタログ設定］ではカタログの環境設定を行います（Windowsでは［編集］メニューから、Macでは［Lightroom］メニューから選べます）。
［一般］（**図11**）ではカタログのバックアップのタイミングを設定します。
［ファイル管理］（**図14**）では、［標準プレビュー］と呼ばれる初期設定のプレビュー画像のサイズやプレビュー画質、作成された1:1プレビューの破棄のタイミングなどを設定します。

［メタデータ］（**図15**）では、画像ファイルに編集内容を添付するかどうかや、住所検索するかどうか、顔検出を自動で行うかどうかなどを指定します。
また、［独自仕様のRAWファイル～～］にチェックを入れると、［メタデータ］メニューの［撮影日時を編集］で指定した内容にRAWファイルの撮影日時が書き換わります。RAWのオリジナリティを残したいのであれば、このチェックは外しておいてください。

**図14** カタログ設定の［ファイル管理］

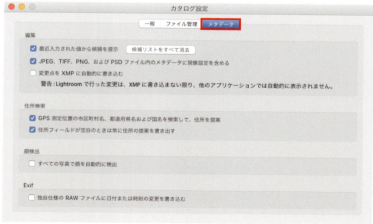

**図15** カタログ設定の［メタデータ］

# 04 IDプレートと透かし

[IDプレート]と[透かし]は[プリント]モジュールや[Web]モジュールなど複数のモジュールで利用可能な情報です。作者名やコピーライトなどを入力しておくことで、各モジュールで画像を書き出す際に、画像にそれらの文字を重ねることができます。

## 01 IDプレート

[IDプレート]そのものは、Lightroomの画面の左上に表示されるタイトルです。初期設定では**図1**のように「Adobe Photoshop Lightroom Classic CC」と表示されています。

[IDプレート]をカスタマイズするには、[編集]メニュー（Macでは[Lightroom]メニュー）の[IDプレート設定]を選びます（**図2**）。[ID プレートエディター]画面が開いたら（**図3**）、[パーソナライズ済み]を選んで（**図4**）左側の黒い枠内に文字を入力し、フォントの種類やサイズを指定します。[別名で保存]で名前を付けて保存します（**図5**）。なお、[IDプレート]は[プリント]モジュールや[Web]モジュールなどで、画像にのせることもできます。

**図1** 初期設定のIDプレート

**図2** [IDプレート]をカスタマイズするには、[IDプレート設定]を選ぶ

**図3** 左の黒い枠に文字を入力する。なお、右側に表示されている[ライブラリ][現像][マップ]などのモジュールピッカーのフォントの変更も可能

**図4** ［パーソナライズ済み］を選ぶ

**図5** 設定を保存したい場合は［別名で保存］で保存する

**図6** ［IDプレート］を変更した例

## 02 透かし

［透かし］を利用すると、［プリント］モジュールや［Web］モジュールで画像を出力する際に、それらの画像に透かし文字を指定できます。［編集］メニュー（Macでは［Lightroom］メニュー）の［透かしを編集］を選ぶ（**図7**）と、［透かしエディター］が現れて、透かし文字の指定が可能です（**図8**）。ここでは文字を入力していますが、ロゴなどの画像を指定することもできます。

なお［プリント］モジュールや［Web］モジュールなどで［透かし］を有効にした場合、それらのモジュール内で改めて［透かしエディター］を使ってフォントの種類やサイズ、位置を指定し直すことが可能です。

**図7** ［透かし］を利用するには［透かしを編集］を選ぶ

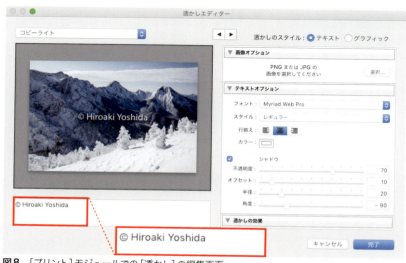

**図8** ［プリント］モジュールでの［透かし］の編集画面。このようにプリントやWeb画像に透かしをのせることができる

028

# CHAPTER 2
## ライブラリモジュール

## 01 ライブラリモジュールの画面構成

[ライブラリ]モジュールには、画像のブラウズ、比較、選別、検索などの機能があります。読み込み方式であるため、RAWであるにもかかわらず画像の扱いが比較的高速であることが特徴です。まず、画面構成を確認しておきましょう。

### 01 [ライブラリ]モジュールの画面構成

モジュールピッカーで[ライブラリ]をクリック選択して[ライブラリ]モジュールを表示します。[ライブラリ]モジュールは**図1**のようになっています。左側にナビゲーターやコレクションがあり、右側に情報表示や設定画面、そして中央が写真表示になっています。この画面構成は、Lightroomのどのモジュールでもほぼ同様です。

**図1** [ライブラリ]モジュール

## 02 パネルグループの開閉

画面の四辺にある三角をクリックすることで、各パネルグループを閉じたり開いたりすることができます（**図2**、**図3**）。また各パネルの三角をクリックすると、そのパネルを開閉できます（**図4**、**図5**）。

パネルグループや各パネルを開閉することで、画面の画像を大きく表示したり、必要な情報だけを表示したりすることができます。自分が使いやすい表示形式を構築してください。

**図2** 画面周辺部の4カ所にある▼をクリック

**図4** 各パネルの▼をクリック

**図3** パネルグループが閉じる。再度クリックするとパネルグループが開く

**図5** パネルが閉じる。再度クリックするとパネルが開く

## 03 フィルターバーとツールバーの表示・非表示

フィルターバーとツールバーは、[表示]メニューで表示・非表示を選ぶことができます。画面表示が比較的小さいノートパソコンなどで操作する場合、このような小さなインターフェースでも隠しておくと、快適に操作できます。

なお、フィルターバーとツールバーの表示・非表示はショートカットキーでも操作でき、フィルターバーは\キー、ツールバーはTキーを押すごとに、表示・非表示が切り替わります（図6、図7）。

図6 フィルターバーを非表示にしたところ

図7 ツールバーを非表示にしたところ

## 04 ツールバーの表示形式

ツールバーの右端の▼をクリックすると、ツールバーに表示する項目を選ぶことができます（図8）。また、初期設定において、[グリッド表示]（サムネール表示）と[ルーペ表示]（拡大表示）とでは、ツールバーに表示される項目が異なっています（図9、図10）。もちろん、表示項目をカスタマイズすることができます。

図8 ツールバーに表示する項目を選択できる

図9 [グリッド表示]時の初期設定のツールバー

図10 [ルーペ表示]時の初期設定のツールバー

## 05 フィルターバーの使い方

フィルターバーは画像を選別(フィルタリング)表示するためのものです。これは画像がグリッド表示されているときのみに現れます。フィルターバーには[テキスト][属性][メタデータ]という3つのグループがあり、いずれかを選んでから、フィルタリングの具体的な設定を行います。図11は、[メタデータ]を選んで、[カメラ]に[EOS 5D Mark IV]、[レンズ]に[EF85mm f/1.8 USM]を選んだところです。この条件に合った画像だけが表示されます。3つのモードを同時にアクティブにし

て、and検索をすることも可能です(図12)。[テキスト]を選んだ場合、ファイル名やExif情報など、画像に添付されているすべてのテキストが対象になります。フィルタリングを解除するには[なし]を選びます。選別表示の機能はフィルムストリップの右上にもあり(図13)、フラグや編集の有無、レーティング、ラベルを指定してのフィルタリングができます。

なお、[フォルダー]パネル上の検索バーではフォルダー名での検索が可能です(図14)。

**図11** フィルターバーでフィルタリングの条件を指定すると、その条件に合った画像だけが表示される

**図12** 必要な項目をクリックして複数の条件を指定する

**図13** フィルムストリップの右上にあるフィルターバー。これは常時表示されている。フラグや編集の有無、レーティング、ラベルを指定できる

**図14** [フォルダー]パネルではフォルダー名での検索ができる

## 02 画像のブラウズ（グリッド表示とルーペ表示）

画像をブラウズする主な方法には、サムネール形式で小さな画像を見る方法と、1つの画像を拡大して表示する方法があります。Lightroomでは、前者を［グリッド表示］、後者を［ルーペ表示］と呼びます。

### 01　［グリッド表示］と［ルーペ表示］の切り替え

［ライブラリ］モジュールにおける、画像のブラウズは非常に多機能ですが、まずは、基本的なブラウズ機能である、サムネール表示の［グリッド表示］（**図1**）と、拡大表示の［ルーペ表示］（**図2**）について理解しましょう。［グリッド表示］と［ルーペ表示］の切り替えは、ツールバーのボタンで行います。一度［グリッド表示］と［ルーペ表示］を行ったら、画像表示領域をマウスでダブルクリックすることでも切り替えることができます。

**図1**　［グリッド表示］

**図2**　［ルーペ表示］

## 02　グリッド表示

[グリッド表示]では、サムネールのサイズを変えることができます。ツールバーの右端にあるスライダーをドラッグすることで、ごく小さなサムネールから、画像表示領域一杯になる大きめのサムネールまで、大きさを調整することができます（図3、図4）。

ツールバーの[並べ替え]関連の項目を使って、画像を並べ替えることもできます。正順・逆順の[並べ替えの方向]ボタンや、[並べ替え]の▼をクリックして表示される[撮影日時][ファイル名][レーティング]メニューなどで選ぶことができます（図5）。

なお、画像の選択は、マウスでクリックする他、キーボードの[↑][↓][←][→]キーでも行えます。

**図3**　サムネールサイズを最小にした場合

**図4**　サムネールサイズを最大にした場合

**図5**　画像の並べ替えはポップアップメニューで行う

## 03　コンパクトセルと拡張セル

グリッド表示の画像の1コマを「セル」と呼びますが、そのセルのタイプを変えることができます。主にどれだけ多くの情報を表示できるかの違いです。変更するには、[表示]メニューの[グリッド表示スタイル]で[コンパクトセル]か[拡張セル]かを選びます。

035

図6　コンパクトセル。画像表示が主体

図7　拡張セル。画像だけでなく付帯情報を多めに表示するスペースが設けられる

## 04　ルーペ表示と拡大倍率の指定

［ルーペ表示］のとき、画像表示領域でクリックすると、画像がさらに拡大します（図8、図9）。

その際、画像をマウスドラッグしたり［ナビゲーター］の白い枠をドラッグしたりすることで画像の表示位置を変更（スクロール）することができます（図10）。

拡大倍率は初期設定では1：1ですが、ナビゲーターの右上の 3:1 を選択したり、さらに ▼ をクリックしてメニューから任意の倍率を指定したりすることもできます（図11）。

なお、画像送りはフィルムストリップで任意の画像をクリックするか、キーボードの［←］［→］キーを用います。その際、拡大表示した状態で画像を送ると、次の画像も同じ位置が拡大された状態で表示されます。

図8　［ルーペ表示］で画像をクリックすると画像が拡大する

図9　クリックした部分が拡大される。拡大倍率の初期設定は1：1（100％）。画像をスクロールするにはドラッグする

図10　拡大時は画像をドラッグしたり、ナビゲーターの白い枠をドラッグしたりして画像の表示位置を変える（スクロールする）

図11　拡大倍率を変更するにはポップアップメニューで選ぶ。1：16（6.25％）から11：1（1100％）までの指定が可能

## 05　画像情報を表示する

ファイル情報や画像情報を表示したい場合は、［表示］メニューの［表示オプション］を選んで表示される［ライブラリ表示オプション］画面で設定します。［グリッド表示］のときの表示内容（**図12**）や、［ルーペ表示］のときの表示内容（**図13**）を指定します。

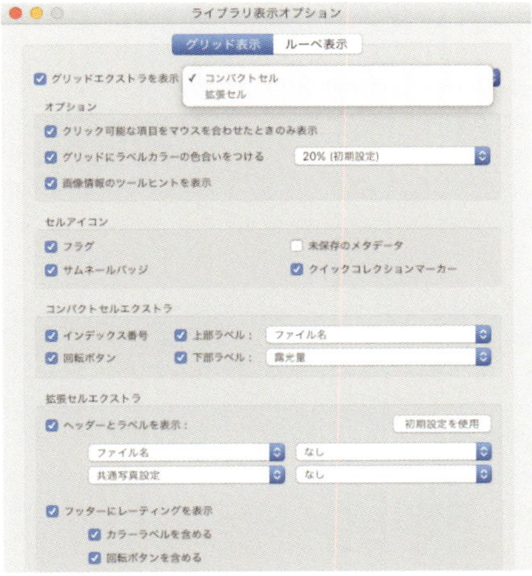

図12　［ライブラリ表示オプション］の［グリッド表示］の設定画面

図13　［ライブラリ表示オプション］の［ルーペ表示］の設定画面

図14　グリッド表示の表示オプションを表示した例

図15　ルーペ表示の表示オプションを表示した例

037

# 03 画像へのマーキングとフィルタリング

写真作品を作り上げるには、たくさんの写真を絞り込んでいくという作業が不可欠です。そのためにLightroomには、絞り込みの条件を設定する4種類のマークが用意されています。

## 01 マークの種類

写真作品を制作する上で、画像の選別はとても重要な作業です。構図やピントの確認を行ったり、極端に露出オーバーや露出アンダーになっていないかなどのチェックを行ったりして、候補写真を絞り込んでいきます。そのためには写真にマークを付けるという作業が必要です。Lightroomには、用途に応じて［クイックコレクション］［フラグ］［レーティング］［カラーラベル］の4種類が用意されています。［クイックコレクション］は必要なものだけを素早くピックアップするのに便利です。［フラグ］には、［フラグ付き］［フラグなし］「除外」が設定できます。［レーティング］は★（1つ星）～★★★★★（5つ星）を付けるもので、候補レベル（重要度）を区別するのに便利です。写真のジャンルや構図を区別するのには［カラーラベル］が適しています。図1は、それぞれのマークの例です。

各マークは［写真］メニューから選べますが、ショートカットキー（クイックコレクションは「B」、フラグは「A」が採用で「X」が除外で「V」が外す、レーティングは星の数に合わせて「0～5」、カラーラベルは色の違いによって「6～9」）も用意されています。

図1　マークの種類

## 02 候補画像にフラグを付けて、別フォルダーに移動する

［フラグ］には、［採用フラグ］と［除外フラグ］があります。ここでは［除外フラグ］を使った不要画像の選別方法を例に示します。［除外フラグ］を付けると写真が薄く表示されます。［除外フラグ］を付けた画像だけが表示されるようにフィルターバーの［属性］で［フラグでフィルター（除外フラグ付き写真のみ）］を選び、続けてすべてを選択します（**図2**）。次に、［フォルダー］パネルで現在表示されているフォルダーにマウスを合わせ、右クリックメニュー（Macではctrlキー＋マウスクリック）で［○○内にフォルダーを作成］を選びます（**図3**）。［フォルダーを作成］画面でフォルダー名を入力し、［選択した写真を含める］にチェックを入れて（**図4**）、［作成］をクリックすると、［除外フラグ］を付けた画像が、別フォルダーに移動します（**図5**）。

フィルターバーで［なし］をクリックし、画像のフィルタリング表示機能を解除します。なお、親フォルダーを選んでも除外した画像が表示されている場合は、［ライブラリ］メニューの［サブフォルダー内の写真を表示］のチェックを外してください。

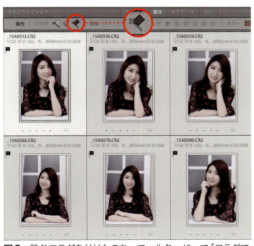

**図2** 除外フラグを付けたのち、フィルターバーで［フラグでフィルター（除外フラグ付き写真のみ）］をクリック。さらに全選択をする

**図3** フォルダー内に新たにフォルダーを作成する

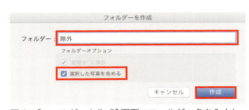

**図4** ［フォルダーを作成］画面でフォルダー名を入力し、［選択した写真を含める］にチェックを入れて［作成］ボタンをクリック

**図5** 新たに作成された「除外」フォルダーに除外フラグの付いた画像が移動する。これは「除外」フォルダーを選択しているところ

**図6** 元のフォルダーには、図2で指定した画像のフィルタリングが働いているので、［なし］をクリックしてフィルタリング機能を解除する

## 03　カラーラベルを付ける

［カラーラベル］は、写真に色のマークを付けます。写真の内容や構図を区別するのに利用すると便利です。ここでは、モデル写真のシチュエーションの違いを［カラーラベル］で区別してみます。

画像を［ルーペ表示］でチェックし、1枚ずつカラーラベルを付けてもよいですし、［グリッド表示］にして、図7、図8のようにまとめて同じ［カラーラベル］を付けるのも簡単です。図9では右クリックメニューを利用していますが、ショートカットキー（「6〜9」）を利用してもかまいません。

［カラーラベル］を利用した画像のフィルタリングは［レーティング］でのフィルタリングと併せて次ページで紹介します。

**図7**　カラーラベルを付けたい写真を選び、右クリックメニューやショートカットキーなどを利用してカラーラベルを付ける。これはイエローを選んでいるところ

**図8**　選んだ画像にイエローのカラーラベルが付けられた

**図9**　分類したい画像すべてにカラーラベルを付ける

## 04 レーティングを付ける

写真作品の候補レベル、あるいは写真の優先度を区別するのに使うと便利なのが［レーティング］です。［レーティング］は★（1つ星）〜★★★★★（5つ星）まで5段階（★なしも含めると6段階）のマークを付け、区別します。一般的には、★の数が多いほど優先度が高い、という使い方をすることが多いでしょう。

［レーティング］を付けるには、写真を選んで右クリックメニューやショートカットキーを利用しましょう。図10は、優先度の高い画像により多くの★を付けたものです。

なお、実際には厳密なピントチェックなどを行った上で作品候補を選ぶはずなので、レーティングを付ける作業は［グリッド表示］ではなく［ルーペ表示］で行うことが大半です（図11）。

図10 優先度の高い画像により多くの★を付けた

図11 写真を厳密に評価した上でレーティングを付けることになるため、［ルーペ表示］で作業をすることが多くなる

## 05 ［カラーラベル］と［レーティング］を利用した画像の絞り込み

［カラーラベル］と［レーティング］の作業を行っておけば、フィルタリングし、目的の写真をすぐに表示させることができます。

フィルタリングには［ライブラリフィルターバー］や［フィルムストリップ］右上のフィルター機能を使いますが、［カラーラベル］と［レーティング］に限れば、［フィルムストリップ］右上のフィルター機能が便利です。

図12はフィルタリング前の状態ですが、［カラーラベル］と［レーティング］を付けています。フィルター機能で■をクリックすると、イエローの［カラーラベル］が付けられた画像だけが表示されます（図13）。続けて、［指定値以上のレーティング］を選んで（図14）、★★★をクリックすると、イエローの［カラーラベル］が付いた、★★★以上の画像だけが表示されます（図15）。

［カラーラベル］は複数指定することができますし（たとえばレッドとイエローなど）、［レーティング］も「以上」「以下」「一致」が選べるので、柔軟な画像のフィルタリング表示が可能になります。

041

**図12** フィルタリング前の状態

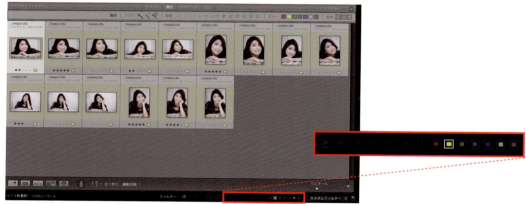
**図13** イエローの[カラーラベル]が付けられた画像だけを表示

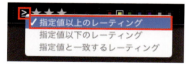
**図14** ここでは★★★をクリックし[指定値以上のレーティング]を選択

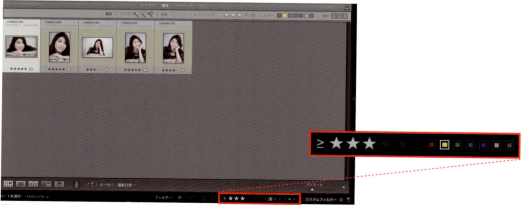
**図15** 以上の設定により、「イエロー」で「★★★以上」の画像だけが表示される

# 04 比較表示と選別表示

[比較表示]を選ぶと、2つの画像を並べて見比べることができます。拡大表示も可能なので、2枚を見比べてのピントチェックなども可能です。[選別表示]では、選択した画像を一覧し、写真を取捨選択することができます。

## 01 2つ並べて表示する[比較表示]

ツールバーで[比較表示]を選ぶと、画像が横に2枚並んだ[比較表示]の状態になります。この場合、最初に選ばれていた1枚が左側の[選択]になり白いフチが付きます。次の画像が右側の[候補]に表示されます（**図1**）。フィルムストリップ上では、[選択]画像に白い菱形、[候補]画像に黒い菱形が表示されます。キーボードの［←］［→］キーかツールバーの ← → をクリックすると、[候補]の画像を入れ替えることができます（**図2**）。

[選択]の画像を入れ替えるには、[選択]をクリックしてこの領域を選び（選ばれている場合はそのまま）、白いフチが表示されたことを確認して、マウスで[フィルムストリップ]の別の画像を選びます。なお[比較表示]をやめるにはツールバーの[完了]をクリックするか、別の表示モードを選びます。

**図1** [比較表示]

図2　キーボードの［←］［→］キーかツールバーの ← → で［候補］の画像が入れ替わる

## 02　［比較表示］での画像操作

［選択］［候補］いずれかの画像をクリックすると、拡大表示になります。拡大画像をドラッグしてスクロールも可能です。その際、ツールバーの［フォーカスをリンク］の鍵がかかった状態では、［選択］か［候補］の一方を拡大したり、スクロールしたりすると、他方も同期して同じように拡大したり、スクロールしたりします（図3）。［フォーカスをリンク］の鍵がかかっていない状態では、個別に拡大やスクロールできます（図4）。

倍率や表示位置をそろえたい場合は［同期］ボタンをクリックします（図5）。この場合、白いフチが表示された（選択されている領域の）画像に、他方が従います。なお、ツールバーの ▨ は［選択］画像と［候補］画像の入れ替え、▨ は［候補］画像を［選択］画像にします。

図3　［フォーカスをリンク］の鍵がかかった状態だと、2つの画像が同期して拡大、スクロールされる

図4　鍵が開いた状態だと、それぞれ個別に拡大したり、スクロールしたりできる

図5　［比較表示］時のツールバーのボタン

## 03　画像を一覧し取捨選択する［選別表示］

［選別表示］では選択した画像を一覧表示できます。表示したい画像を選んでおき、ツールバーの［選別表示］をクリックすると、**図6**のように一覧で表示されます。

また、画像を1枚だけ選んで［選別表示］に切り替えた場合は、フィルムストリップでctrlキー（Macではcommandキー）を押しながら画像をクリックすると、それらの画像が［選別表示］に追加されて表示されます。

**図6**　［選別表示］。グリッド表示やフィルムストリップで画像を選んでおき、［選別表示］ボタンをクリックすると、このような表示に変わる

## 04　［選別表示］での画像操作

［選別表示］ではドラッグして画像を並べ替えたり、画像をクリックして選択したりした上で［カラーラベル］や［レーティング］［フラグ］の操作が可能です（**図7**）。

また、画像をダブルクリックすれば、［ルーペ表示］に変わり、画像が拡大表示されます。

再度ダブルクリックすると、［選別表示］に戻ります。

［選別表示］から外したい画像は、画像にマウスを合わせるとサムネールの右下に ✕ が現れるので、それをクリックすると表示されなくなります（**図8**）。

**図7**　［カラーラベル］や［レーティング］、［フラグ］を付けることができる。右クリックメニュー、ショートカットキー、サムネール下部のクリックなどで設定

**図8**　［選別表示］から外したい画像は、その画像にマウスを合わせて右下の ✕ をクリックする

# 05 人物表示（顔検出）

［顔検出］を使うとカタログやフォルダーの写真から人物の顔が写っている写真を検出し、名前を入力するよう促されます。入力した名前は［キーワード］に登録され、以降、その名前で写真を検索できるようになります。

### 01　［顔検出］で顔写真を検索する

［顔検出］の機能を使うと、顔が写っている写真を検出し、名前を入力するよう促されます。初めにツールバーで 👤 をクリックします。すると「人物表示へようこそ」という画面が現れます（**図1**）。ここで顔が写っている写真の検索方法をまず指定します。［カタログ全体の顔の検索を開始］では、カタログ全体を検索するので、カタログの大きさに応じて処理に時間がかかります。バックグラウンドで処理されますが、処理を停止することもできます（**図2**）。［顔を必要時にのみ検索］を選ぶと、選択しているフォルダーやコレクションに含まれる写真から顔を検索します。

顔の検索が終わると、**図3**のように［名前のある人物］［名前のない人物］という画面になります。**図3**は初回の処理なのですべて［名前のない人物］になっています。各コマの左上の数字は類似画像の枚数です。また、**図3**はすべて同一人物ですが、顔の向きなどによって別の人と判別されることもあります。

図1　［人物］ボタンをクリックし、処理方法を選択する

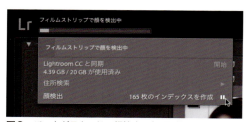

図2　バックグラウンドで顔検出の処理が行われている場合、IDプレートをクリックして現れるメニューで処理を中止・再開することができる。なおこれは、［カタログ設定］の［メタデータ］にある［すべての写真で顔を自動的に検出］の項目と連動している

図3　顔の検索が終わると、名前を入力するよう促されるので、［名前のない人物］欄で名前を入力する

## 02 顔写真に名前を入力する

ここで名前を入力すると、[名前のない人物]欄の類似画像に、名前の候補が表示されるので（合っていれば右下のボタンをクリックします（**図4**）。違っていれば左下のボタンをクリックし、新たに名前を入力します。類似画像と判断されない場合は ? が表示されるので、正しい名前を入力します（**図5**）。

入力した名前は［キーワード］として画像に紐付けられます。［キーワードリスト］に現れるキーワード（**図6**）や、ライブラリフィルターバーの［テキスト］の検索機能を使って検索することが可能になります。

図4 名前を入力すると[名前のある人物]に写真が分類される。名前が入力済みの画像と類似する画像がある場合、[名前のない人物]欄でその名前が候補になるので、正しければ右下のボタンをクリックして確定する

図5 類似の顔写真と判断できない場合、このように[?]マークが表示されるので、新たに名前を入力する

図6 入力した名前はキーワードに登録されるので、[キーワードリスト]などで検索が可能になる

## CHAPTER 2

## 06 コレクション

[コレクション]とは、気に入った画像をまとめておく、仮想フォルダーのようなものです。実際のフォルダーを横断して、ジャンルごとに写真をまとめて一覧することができます。また、ある条件に合致する画像を、カタログに含まれるすべての画像からフィルタリングしてくれるのが[スマートコレクション]です。

### 01 コレクション

[コレクション]は、画像をまとめる仮想フォルダーを作成し、そこに手動で画像をドラッグ&ドロップして登録します。その際、[コレクションセット]という上位階層のフォルダーと[コレクション]という下位階層のフォルダーを作成できます。

まずはそれらのフォルダーを作成します。[コレクション]パネルの ＋ をクリックし、[コレクションセットを作成]を選びます（図1）。[コレクションセット作成]画面で名前を入力し[作成]ボタンをクリックします（図2）。図3のように「山」というコレクションセットが作成されたのを確認します。同様の方法で、今度は[コレクションを作成]を選びます。[コレクションを作成]画面でより具体的な名前を入力し、[コレクションセット内]で先ほど作成した「山」を選び、[作成]ボタンをクリックします（図4）。これで「山」-「谷川岳」という階層でフォルダーが作成されました（図5）。この[コレクション]に画像を登録するには、[グリッド表示]や[フィルムストリップ]からサムネールをドラッグ&ドロップします（図6）。以降は、各[コレクション]（ここでは「谷川岳」）をクリックすると、そのコレクションに登録している画像だけが表示されます（図7）。

不要になったコレクションは、[コレクション]パネル右上の － で削除できます。

図1 [コレクションセットを作成]を選ぶ（上下の階層関係が必要ないなら、必ずしもコレクションセットを作成する必要はない）

図2 [コレクションセット]の名前を入力する

図3 「山」という[コレクションセット]が作成される。続けて[コレクションを作成]を選ぶ

図4 ここでは「谷川岳」という名前を入力した

図5 「山」-「谷川岳」という階層ができた

図6 ［コレクション］に画像をドラッグ＆ドロップすると登録できる。
ドラッグ＆ドロップする際には、セル内の写真の部分をドラッグする

図7 ［コレクション］を選択すると、その［コレクション］に含まれる画像だけが表示される

## 02 スマートコレクション

［スマートコレクション］では、設定した条件に合う画像をカタログ内から見つけ出し、フィルタリング表示してくれます。
あらかじめ［5つ星］や［過去1ヶ月］など6つが用意されていますが、もちろんオリジナルの［スマートコレクション］を作ることができます。ここでは、「特定のカメラ」で撮られた「5つ星のレーティング」が付けられた画像をフィルタリングする［スマートコレクション］を作ってみます。

049

［コレクション］パネルの ＋ をクリックし、［スマートコレクションを作成］を選びます（**図8**）。［スマートコレクションを作成］画面で名前（ここでは「5D MarkIV & 5つ星」）を入力し、［コレクションセット内］に入れるかどうかを指定します。［以下の〜〜ルールに一致］で［いずれかの］［すべての］［なし］を選びます。条件は複数指定可能で、条件を増やす場合は ＋ を、削除する場合は − をクリックします。具体的な条件は、それぞれの項目で指定します。ここでは1つ目にカメラの機種名、2つ目に5つ星のレーティングを指定しました。Exifなど、メタデータのテキストを条件に指定する場合、厳密に指定する必要があるので［メタデータ］パネルなどで用語を確認してください。［作成］ボタンで完了です。

**図9**は作成した「5D MarkIV & 5つ星」という［スマートコレクション］を選んでいる状態です。条件に合致する画像だけが表示されます。

［スマートコレクション］の各項目をダブルクリックすると、条件の再指定が可能です。

**図8** ［スマートコレクションを作成］を選ぶ

**図9** 条件を指定する。ここでは、「5D MarkIV & 5つ星」の名前で特定のカメラの機種と5つ星のレーティングを指定した

**図10** 「5D MarkIV & 5つ星」の［スマートコレクション］を選ぶと条件を満たす画像だけが表示される

# 07 キーワード

画像に任意の文字の[キーワードタグ]を付けることができます。[キーワードタグ]を利用して、画像をフィルタリング表示することができるので、画像を探すのが簡単になります。

## 01 キーワードを付ける

キーワードを付けるには、まず画像を選択し（複数選択でも可）、[キーワードタグ]パネルで[キーワードを入力]を選び、キーワードとなる文字を入力します（**図1**）。追加のキーワードを入力することもできます（**図2**）。キーボードのenterキー（return）で確定します。[キーワードタグ]パネルの上の欄には、選んでいる画像に付けられているキーワードが表示されます（**図3**）。

入力されたキーワードはLightroomに保持されます。入力済みのキーワードを別の画像に付ける場合、画像を選び、[候補キーワード]や[キーワードセット]に表示されるキーワードをクリックするか、[キーワードリスト]のキーワードを画像にドラッグ＆ドロップするなどします。

**図1** 画像を選んで[キーワードタグ]パネルにキーワードを入力する

**図2** キーワードを追加する場合は、下欄に入力する

**図3** [キーワードタグ]パネルに表示されている文字が、選んだ画像に付けられたキーワード。また、サムネール右下のマークがキーワードが付けられたことを示す

**図4** 入力済みのキーワードを適用するには、[候補キーワード][キーワードセット]のキーワードをクリックするか、[キーワードリスト]のキーワードを画像にドラッグ＆ドロップする

## 02　キーワードの付いた画像を表示する

［キーワードリスト］パネルで、各キーワードにマウスを合わせると表示される → をクリックすると（**図5**）、そのキーワードが付けられた画像だけをフィルタリング表示することができます。また［ライブラリフィルター］で［キーワード］を選び、キーワードを指定することもできます（**図6**）。複数のキーワードの指定も可能です（**図7**）。

フィルタリングを終了するには、［ライブラリフィルターバー］で［なし］を選びます（**図8**）。

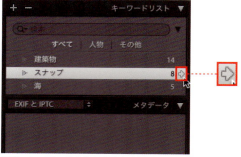

**図5**　キーワードを含む画像を表示するには［キーワードリスト］パネルでキーワードにマウスを合わせ、右端の → をクリックする

**図6**　クリックされたキーワードを含む画像だけが表示される

**図7**　複数キーワードの指定もできる

**図8**　キーワードによるフィルタリング表示をやめるには、［ライブラリフィルターバー］の［なし］を選択する

## 03 キーワードの削除

画像に付けられたキーワードを削除するには画像を選択したのち、［キーワードタグ］パネルの入力欄でキーボードのdeleteキーを使って削除します（**図9**）。

キーワードそのものをカタログから削除するには、［キーワードリスト］パネルで削除したいキーワードを選び、■をクリックします（**図10**）。キーワードを本当に削除してよいかの確認画面が表示されているので（**図11**）、よければ［削除］ボタンをクリックします。

図9　［キーワードタグ］に表示されるキーワードをdeleteキーを使って削除する

図10　カタログからキーワードを削除するには、［キーワードリスト］パネルでキーワードを選び■をクリックする

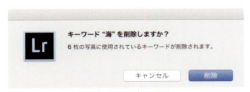

図11　キーワードを削除する確認画面

# CHAPTER 2

## 08 メタデータパネル

［メタデータ］パネルには、選択している画像のメタデータ（Exifなどの画像情報やIPTC情報、レーティング情報）が表示されます。IPTC情報などを入力することもできます。

### 01 メタデータの確認と追加

［メタデータ］パネルには、選んでいる画像のメタデータが表示されます（図1）。最初は［初期設定］になっていますが、クリックしてメニューから表示する項目を選ぶこともできます。
［プリセット］は、通常は［なし］が選ばれています。［なし］ではなく［プリセットを編集］を選択して、［メタデータプリセットを編集］ダイアログを利用すると、メタデータを追加できます。
たとえば［基本情報］の［説明］に［無断使用禁止］と入力し（図2）、名前を付けて保存してみます。次に別の画像を選び、その［プリセット］を選ぶ（図3）と、追加したメタデータを適用することができます。

追加したメタデータはLightroomで管理されているだけなので、そのままでは元画像に追加したメタデータは反映されません。RAW画像に追加するには［メタデータ］メニューから［メタデータをファイルに保存］を選ぶか、［メタデータ］パネルの［メタデータ状況］のボタンをクリックします。すると、元画像と同じフォルダーにメタデータを記録するxmpファイルとして保存されます（図4、図5、図7、図8）。これにより［メタデータ状況］は最新になります（図6）。

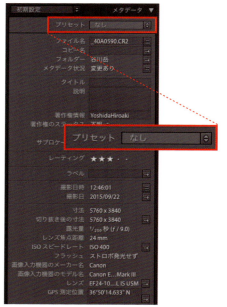

図1 ［メタデータ］パネル

図2 ［メタデータプリセットを編集］の画面。画像に添付したい情報を入力する

054

また、RAWをJPEGなどで書き出す際に「すべてのメタデータ」を選べば、追加したメタデータは画像ファイルに内包されます。

いっぽう、元画像がJPEGなどの場合は、同様の操作をすれば、元画像にメタデータが書き込まれます。

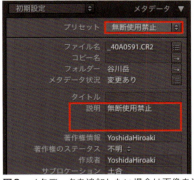

**図3** メタデータを追加したい場合は画像を選んで保存した［プリセット］を選ぶ（ここでは［説明］欄に「無断使用禁止」が追加されている）

**図4** 編集したメタデータをRAWに反映させるには、［メタデータ］メニューから［メタデータをファイルに保存］などを選ぶ

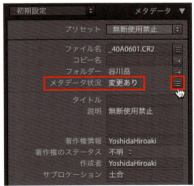

**図5** ［メタデータ状況］のボタンをクリックしても編集したメタデータをRAWに反映できる。反映されると拡張子だけが異なるファイル（xmp）が作成される。編集したメタデータを利用するには、RAWとxmpをセットで扱う

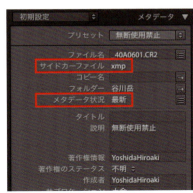

**図6** ［メタデータ状況］が［最新］になる。またxmpファイルが作成されたことで［サイドカーファイル xmp］の項目が新たに表示される

**図7** xmpファイルは、元のRAWと同じファイル名で、拡張子がxmpとなる

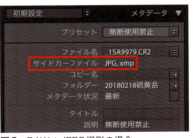

**図8** RAW＋JPEG撮影の場合、サイドカーファイルは「JPG,xmp」となる

055

## 02 メタデータによるフィルタリング

[メタデータ]パネルの項目には の付いたものがあります。このボタンは、その条件で画像をフィルタリングできることを示しています。図9は[撮影日]をクリックしたものですが、これによって「2018/02/18」に撮られた写真だけが表示されます。

図9　[メタデータ]パネルの をクリックすると、その条件に合う画像だけが表示される

## 03 プリセットの削除

メタデータのプリセットを削除するには、[メタデータプリセットを編集]ダイアログを開き、[プリセット]メニューで「プリセット～～を削除」を選択します（**図10**）。

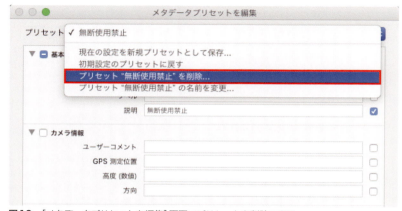

図10　[メタデータプリセットを編集]画面でプリセットを削除できる

CHAPTER 3

現像モジュール

# 01 現像モジュールの画面構成と処理バージョン

画像を現像調整するのが［現像］モジュールです。このモジュールで対象となるのは1枚の画像です。現像する手段として、パラメーターの調整の他、各種のプリセットを使ったり、同期したりといった方法もあります。まずここでは画面構成を確認します。

## 01 ［現像］モジュールの画面構成

［現像］モジュールの画面は図1のようになっています。

**図1** ［現像］モジュールの画面構成

## 02 処理バージョンについて

Lightroomの現像を行う前に処理バージョンについて理解しておきましょう。処理バージョンとは、調整による明るさや色味を決定する歴代の現像エンジンのことです。この処理バージョンが異なれば、利用できる現像パラメーターが異なったり、現像結果が異なったりすることがあります。

処理バージョンを確認するには［キャリブレーション］パネルの［処理］を見ます（**図2**）。Lightroom 3より前のものが［バージョン1 (2003)］、Lightroom 3が［バージョン2 (2010)］、Lightroom 4からCCまでが［バージョン3 (2012)］、Lightroom Crassic CCが［バージョン4（最新）］となります。

注意したいのが、従来からLightroomを使い続けている場合です。古いLightroomで現像処理をした場合、その情報がカタログに残ります。すると**図3**のように処理バージョンが古いというマークが表示されます。これをクリックすると、最新バージョンでの現像処理に置き換えるかどうかの確認画面が出ますが（**図4**）、［更新］すると明るさや色が変わる場合があります（特に［バージョン2 (2010)］以前の場合）。現像が完成しているならば、うかつに［更新］するのは避けた方がよいでしょう。最新の処理バージョンを利用するにしても［補正前と補正後のレビュー］にチェックを入れ、変化の様子を確認しながら行うようにしてください。

**図2** その画像に使用されている現像エンジンのバージョンは、［キャリブレーション］パネルで確認できる

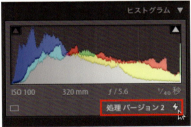

**図3** 画像の処理に古い現像エンジンを使っている場合は、ヒストグラムの下にこのようなマークが表示され、マウスを合わせると現像エンジンのバージョンが表示される。クリックすると図4が現れる

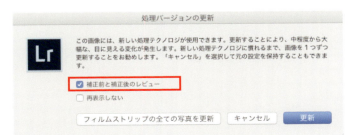

**図4** 現像エンジンを更新するかどうかの確認画面。更新により色や明るさが変わることがあるので、［補正前と補正後のレビュー］にチェックを入れ、変化の様子を確認してから更新しよう

## 02 プリセット

［プリセット］は、複数の現像調整をひとまとめに登録したものです。メニューからプリセットを選ぶだけで、各種の調整効果を画像に適用することができます。あらかじめたくさんのプリセットが登録されています。また、自分が調整した現像パラメーターの内容を［User Presets］として登録しておくこともできます。

### 01 Lightroomプリセット

［プリセット］パネルの▶をクリックしてパネルを開くと、［プリセット］のグループが確認できます（**図1**）。

［プリセット］を適用するには、［プリセット］名をクリックするだけです。実際にプリセットを適用した場合、プリセットの内容に応じて現像パラメーターが変化します。元の状態に戻すには［初期化］ボタンをクリックします。

また、プリセットは適用したら終わりというわけではなく、適用したあとで現像パラメーターを再調整することができます。画像の内容や表現意図に合わせて、プリセットを微調整すればよいわけです。その場合、さらに［User Presets］として登録しておくことができるので、プリセットの活用範囲はさらに広がります。

**図2**、**図3**、**図4**は、Lightroomに登録されているプリセットを適用した例です。

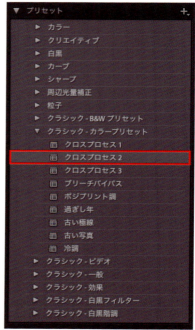

**図1** Lightroomに用意されているプリセット。プリセットにマウスを合わせるとナビゲーターにプレビューされる

**図2** ［Lightroomカラープリセット］の［古い写真］を適用した例

**図3** ［Lightroomカラープリセット］の［冷調］を適用した例

**図4** ［Lightroom白黒プリセット］の［白黒スタイル1］を適用した例

## 02 User Presetsを登録する

[User Presets]は、自分が調整した現像内容をプリセットとして登録しておく仕組みです。何らかの画像に対して、あらかじめ調整を施し、その調整内容を登録します。

最初に[現像]モジュールでパラメーターを調整した画像を選択しておきます。その上で、[プリセット]パネルの⊕をクリックして[プリセットを作成]を選び(**図5**)、グループ[ユーザープリセット]に登録します。表示される[現像補正プリセット]ダイアログでは、名前とパラメーターの項目を指定します(**図6**)。

登録されたプリセットは[User Presets]に表示され、利用可能になります(**図7**)。

**図5** 調整した画像を選択し、[プリセット]パネルの⊕をクリックして[プリセットを作成]を選ぶ

**図6** [現像補正プリセット]画面で名前を入力し、プリセットに保存したい項目にチェックを入れる

## 03 User Presetsの適用と削除

[User Presets]の適用方法は、画像を選んでプリセット名をクリックするだけです(**図8**、**図9**)。[User Presets]が不要になったら、プリセット名を選んで、⊖をクリックすると、そのプリセットを削除できます。

**図7** [User Presets]に登録される

**図8** 画像を選んで[User Presets]の項目をクリック

**図9** プリセットが適用される

# 03 スナップショット

現像を行っていると、この状態でいったん保存しておきたい、ということがあります。そのような場合にパラメーターの状態を保存する機能が[スナップショット]です。現像のバリエーションを比較するのに便利な機能です。

## 01 スナップショットを作成する

[スナップショット]の作成は簡単です。現像調整を行ったら、[スナップショット]パネルの ⊕ をクリックし（**図1**）、[新規スナップショット]画面で名前を入力して[作成]ボタンをクリックするだけです（**図2**）。すると[スナップショット]パネルに、保存した[スナップショット]が表示されます（**図3**）。同じ要領で[スナップショット]はいくつでも作成することが可能です。

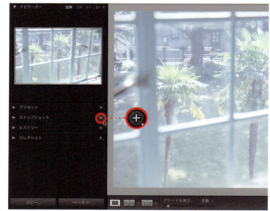

**図1** 現像調整を行ったら保存しておきたい段階で[スナップショット]の ⊕ をクリック

**図2** わかりやすい名前を入力し[作成]ボタンをクリックする

**図3** スナップショットが作成される

## 02 スナップショットの利用と削除

画像に対して［スナップショット］を適用するには、［スナップショット］名をクリックするだけです（**図4**、**図5**）。

同じスナップショット名で調整内容を入れ替えたい場合は、再調整したあと、入れ替えたいスナップショット名にマウスを合わせて右クリックし、［現在の設定で更新］を選びます（**図6**）。また、［スナップショットを補正前にコピー］を行うと、補正前後の比較表示で比較することができます（**図7**）。

［スナップショット］を削除するには、削除する［スナップショット］を選択したのち、●をクリックするか右クリックメニューから［削除］を選択します（**図8**）。

**図4** 作成したスナップショットを適用した例1

**図5** 作成したスナップショットを適用した例2

**図6** スナップショットの内容を書き換えるには、スナップショット名にマウスを合わせ［現在の設定で更新］を選ぶ

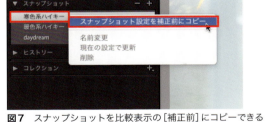

**図7** スナップショットを比較表示の［補正前］にコピーできる

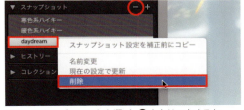

**図8** スナップショットを選び、●をクリックするか右クリックメニューの［削除］で削除できる

## CHAPTER 3

### →04 ヒストリー

行った調整をステップごとに記録していく機能が［ヒストリー］です。いわば、現像調整の履歴です。［ヒストリー］パネルの項目をクリックすると、その段階まで現像調整を元に戻すことができます。

#### 01　ヒストリーでステップをさかのぼる

［ヒストリー］は［ヒストリー］パネルに自動的に作成されます。一番上が最新で、下に行くほど古い操作履歴になります。いずれかをクリックすると、その段階まで調整内容を戻すことができます（**図1**、**図2**）。

**図1**　戻りたい段階のヒストリーをクリックする

**図2**　クリックした段階まで作業内容が元に戻る

## 02 ヒストリーの操作で注意すること

［ヒストリー］を利用する上で気を付けたいのは、以前の段階に戻ったあとに、何らかの現像調整を行った場合です。その場合、［ヒストリー］で戻った段階から新たな［ヒストリー］が作成されるため、それよりあとの［ヒストリー］は失われます（図3、図4、図5）。以前の最終状態も残したいならば、ヒストリーで履歴をさかのぼる前に［スナップショット］を作成しておきましょう。［ヒストリー］上でマウスの右クリックメニューから［スナップショット］が作成できます（図6）。［ヒストリー］全体を削除するには、［ヒストリー］パネルの ❎ をクリックします（図7）。

図3　ヒストリーの操作前

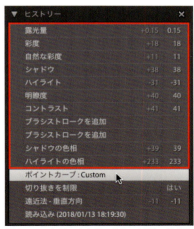

図4　ヒストリーをクリックして以前の状態に戻す

図5　何らかの操作（ここでは［コントラスト］）を行うと、それ以降の操作（図4の枠線で囲った部分）が消失してしまう

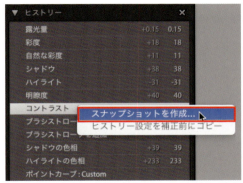

図6　残しておきたい調整の状態はそのヒストリーで右クリックし、［スナップショットを作成］を選んで［スナップショット］を作成しておこう

図7　ヒストリー全体を消去するには、❎ をクリックする

# 05 補正前と補正後の比較表示

補正前後の状態を比較表示すると、違いを一目で確認することができ、現像調整を追い込みやすくなります。補正前との比較だけでなく、たとえば［ノイズ軽減］など、調整の差がわかりにくいパラメーターの効果の確認にも役立ちます。

## 01 補正前後の画像の状態を比較する

補正前後の画像を同時に表示するには、ツールバーで［補正前と補正後のビューを切り替え］ボタンをクリックします（［表示］メニューの［補正前/補正後］からも選べます）。その際、画像を上下、または左右に並べて表示するか、分割表示するかなども選択可能です（図1、図2）。画像を読み込んで補正した場合、補正前後の画像は、読み込み直後の状態と最終的に調整した状態の画像が表示されます。

補正前と補正後のビューを切り替え

図1　補正前後の表示。これは、左が補正前、右が補正後

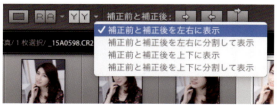

図2　補正前後の状態を見比べる表示形式は4種類が用意されている

## 02 パラメーターの調整の違いを確認する

パラメーターの微妙な調整の効果は、その違いがわかりにくいものです。補正前後の画像を比較すると、調整の違いが把握しやすくなります。

まず、比較したい現在の状態を［補正前］に表示させます。これには［補正後の設定を補正前にコピー］ボタンをクリックします。図3は［シャドウ］を［+20］調整した状態を［補正前］に表示させています（このとき左右の画像は同じ状態になります）。

その次に、比較したい調整を行います。図4では［シャドウ］を［+60］に調整していますが、これによって［シャドウ］の値が［0］の場合と［+60］の場合との比較が可能になります。このようにして、パラメーターの調整値の違いを確認できます。

**図3** ［補正後の設定を補正前にコピー］ボタンをクリックし、調整した画像を補正前の状態に移動する

**図4** その後に行った調整が［補正後］に表示され、［補正前］との比較ができる

## 03 ヒストリーを比較する

調整の作業を続けている際、少し前の段階と現在の状態を比べたいというケースもよくあります。特定のヒストリーを表示させることができるので、簡単に少し前の段階と現在の状態を比較することができます。**図5**と**図6**は、[補正前]に指定したヒストリーを反映させたところです。

なお、ヒストリーを使った比較ではまったくの初期状態と、調整の各段階との比較をしたくなることも多いはずです。そのためには調整前に[ヒストリー]を削除し、[初期化]ボタンをクリックしておくと、初期状態との比較が確実に行えます。

**図5** 右が[補正後]で最新の状態。この状態から、左の[補正前]に特定のヒストリーの調整状態を表示させる

**図6** 指定したヒストリーの画像が左に表示される。このようにヒストリーでの比較が可能

## 04 スナップショット同士を比較する

複数の[スナップショット]を作成している場合、任意の2つの[スナップショット]を比較することができます。

まず[補正前]に表示したい[スナップショット]を右クリックしメニューから[スナップショット設定を補正前にコピー]を選ぶと、その設定内容が[補正前]に反映されます(**図7**)。次に[補正後]の表示ですが、これは[補正後]に表示したい[スナップショット]をクリックするだけです。これで、2つの[スナップショット]の比較が可能になります(**図8**)。

**図7** 比較したい一方のスナップショットに対し、[スナップショット設定を補正前にコピー]を選ぶ

**図8** もう一方のスナップショットをクリックすると[補正後]に表示されるので、2つのスナップショットの比較ができる

CHAPTER 3

## 06 現像調整設定の流用と初期化

ある画像に対して行った現像調整を他の画像に適用(流用)することができます。複数の方法がありますが、ここでは1枚の画像に設定を流用する方法と、同時に複数の画像に設定を流用する方法を解説します。

### 01 ［コピー］と［ペースト］

ある画像に対して行った調整を他の画像に適用するには、［コピー］と［ペースト］を用います。方法は簡単です。調整済みの画像を選び、［コピー］ボタンをクリックします（図1）。［設定をコピー］画面が現れたら、コピーしたい項目にチェックを入れ、［コピー］ボタンをクリックします（図2）。調整を適用（ペースト）したい画像を選び（図3）、［ペースト］ボタンをクリックすると、調整内容がペーストされます（図4）。

なお、似た機能に［前の設定］があります（図5）。これは別の画像に対して直前に行った調整内容をまるごと適用する機能です。

**図1** 調整済みの画像を選んで［コピー］ボタンをクリック

**図2** コピーしたい項目にチェックを入れて［コピー］ボタンをクリック

**図3** 調整を適用したい画像を選ぶ

図4 [ペースト]ボタンをクリックすると、調整内容がペーストされる

図5 直前に行った別の画像に対する調整をそのまま適用する[前の設定]

## 02 設定を複数の画像に同時に適用（同期）する

調整を複数の画像に同時に適用したい場合は、[同期]という機能を使います。

最初に、フィルムストリップで設定を利用したい調整済みの画像をクリックして選択します（図6）。選択状態のまま、shiftキーやctrlキー（Macではcommandキー）を使って設定を同期させたい画像を複数選び（図7）、[同期]ボタンをクリックします（図8）。[設定を同期]画面で同期させたい項目にチェックを入れ、[同期]ボタンをクリックすると（図9）、設定が反映されます（図10）。

また、[同期]ボタンの左のスイッチのクリックで[自動同期]に変わります（図11）。これは、あらかじめ選択した複数の画像に同じ調整を適用するためのものです。

図6 調整済みの画像を選択

図7 調整を適用したい複数の画像を選択

図8 [同期]ボタンをクリック

図9 同期させたい項目を選んで[同期]ボタンをクリック

図10 選んでいた画像に同じ調整が適用（同期）される

図11 あらかじめ選んだ複数の画像の調整を同時に行うには[自動同期]にする

## CHAPTER 3 → 07

# 参照ビュー

複数の似た画像をRAW現像する場合、明るさや色味など、テイストをそろえるには、[参照ビュー]が便利です。[参照ビュー]では、目標（参照）画像と作業画像を左右（または上下）に表示します。目標画像を参考にしながら、作業画像の現像調整を行うことができます。

### 01 参照写真を設定する

最初に現像の目標画像を設定します。[フィルムストリップ]で画像を選び、右クリックメニューから[参照写真として設定]を選びます。なお、目標画像は[ライブラリ]モジュールでも同様の方法で設定することができます（図1）。

### 02 参照ビューに切り替え、処理画像を選ぶ

[参照ビュー]のボタンをクリックするか、[表示]メニューの[参照ビューで開く]などを選んで、[参照ビュー]に切り替えます（ショートカットキーはshift + R）。[参照ビュー]では2つ並んだ左（または上）に参照画像が表示

図1　目標画像を選び、[参照写真として設定]を選ぶ

されます。[フィルムストリップ]で現像したい画像を選ぶと、それが右（または下）の[アクティブのみ]欄に表示されるので、参照画像を参考にしながら現像調整を行います。

図2　[参照ビュー]。左が[参照]する画像欄、右が現像対象となる画像を表示する[アクティブのみ]欄。フィルムストリップで画像を選ぶと[アクティブのみ]欄の画像が切り替わる。[参照]画像を替えたい場合は、01の方法で参照画像を設定し直す

072

CHAPTER 3

## 08 書き出し

［書き出し］とは、Lightroomで現像調整した結果を、解像度や色域（カラープロファイル）などを指定して、JPEGファイルやTIFFファイルなどに書き出すことです。ここでは基本的な書き出しの操作について解説します。

### 01 書き出し

画像を書き出すには、フィルムストリップで書き出したい画像を選択しておき、［ファイル］メニューの［書き出し］を選びます（**図1**）。

### 02 Web用の書き出し設定例

Web用の画像を書き出すことを想定した設定が、**図2**です。Web用など、特定用途に複数の画像を書き出す場合は、ファイル名を［カスタム］にして［連番］を付けると整理しやすくなります。［画像形式］はWeb用なので［JPEG］とし、また［カラースペース］は標準的な［sRGB］としています。

**図1** 書き出したい画像を選択し［ファイル］メニューの［書き出し］を選ぶ

**図2** Web掲載を意図したJPEG保存の設定

**図3** 透かしを有効にすると、このように画像に透かしをのせることができる

［画像のサイズ調整］は、［長辺］が［800pixel］となるように指定し、［解像度］はモニター表示用に［72dpi］を指定しています。
また、Web用画像はExifなどの不要な情報をカットすることが多いので（データサイズを軽くするためと撮影情報を読み取られないようにするため）、［メタデータ］は［著作権情報のみ］を選んでおくとよいでしょう。さらに、画像を無断で使われないようにするためには、［透かし］を有効にしておくとより安心です（**図3**）。

## 03 プリント用の書き出し設定例

Photoshopなど、他のアプリケーションを使ってのプリント用、あるいは作品保管用のマスター画像とすることを意識した設定が、**図4**です。オリジナルのRAW画像と書き出した画像を一致させやすいように、ファイル名は変更しないでよいでしょう。［画像形式］は劣化のない［TIFF］を選び、［カラースペース］はプリントや印刷でより鮮やかな発色が期待できる［Adobe RGB］を指定しています。［圧縮］は［なし］を選んでいますが、圧縮しても問題ありません。［ビット数］は多階調の［16bit/チャンネル］を選びましたが、書き出したあとに再補正しないならば［8bit/チャンネル］でかまいません。変形による余白が残っている場合、その余白を透明にする（レイヤーにする）場合は［透明部分を保持］にチェックを入れます。チェックを入れないと余白は地色（白）になります。

［画像のサイズ調整］は指定せずにオリジナルのままとし、［解像度］はインクジェットプリンターでのプリントを想定して［300ppi］としました。また、［シャープ］は他のアプリケーションで実際にプリントしたり、あるいは印刷したりするサイズに合わせて設定するのが理想なので、オフがよいでしょう。［メタデータ］は［すべて］を選び、書き出した画像で、Exifなどのメタデータを確認できるようにしています。

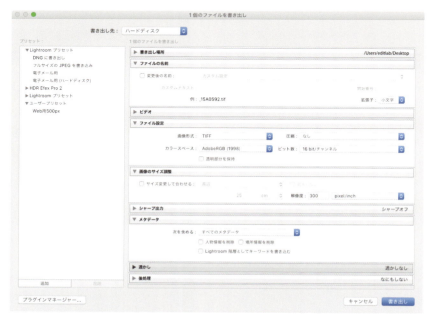

**図4** プリントや保管用のTIFF保存の設定。Photoshopを所持しているならTIFFではなくPSDでもよい

CHAPTER 4

# ［現像］モジュール
# パラメーターリファレンス

# 01 キャリブレーション ▶▶▶ 処理
### ▶ 現像エンジンを選ぶ

Lightroomではバージョンによって現像の処理内容が異なります。バージョンが異なると、現像結果に違いが出たり、処理できる内容が異なったりします。最新は「バージョン4（最新）」です。本書では、最新バージョンを前提に解説を進めます。

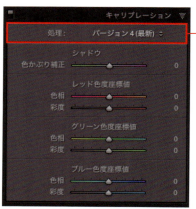

Lightroom Classicの処理バージョンの選択メニュー

### ▶ 4つの処理バージョン

Lightroomは登場以来、現像処理エンジンの更新に伴い、処理バージョンがアップしてきました。バージョン名ですが、CC以前は西暦の年代で表示されていたものが、Classic CCでは「バージョン1(2003)」といった表記に変更されています。バージョンによって処理できる内容が異なり、それに伴い現像結果も変わってきます。基本的にClassic CCでは、最新の「バージョン4(最新)」を使うとよいでしょう。

| バージョン | 内容 |
| --- | --- |
| バージョン1(2003) | Lightroom 3より前の現像エンジン |
| バージョン2(2010) | Lightroom 3の現像エンジン |
| バージョン3(2012) | Lightroom 4～CCの現像エンジン |
| バージョン4(最新) | Lightroom Classicの現像エンジン |

### ▶ バージョンの変更に注意

処理バージョンを変更すると色味が変わることがあるので（特にバージョンの差が大きい場合）、基本的には「バージョン4（最新）」を使うようにしましょう。ただし、以前のLightroomで現像した画像の状態は、その処理バージョンに依存しています。処理バージョンを変更すると現像結果が変わることもあり得ます。この点には十分に注意してください。

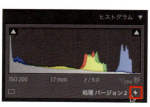

[現像]モジュールの選択時、ヒストグラム右下に ⚡ が表示されれば、処理バージョンが最新でないこと示している

上記の ⚡ をクリックすると、処理バージョンを最新にするか否かの選択画面になる

## 02 基本補正 ▶▶▶ プロファイル
▶ ベースとなる発色を選ぶ

［プロファイル］では、基本的なトーンや色合いを変えることができます。カメラ側で設定できる［スタンダード］や［風景］［人物］といった仕上がり設定のLightroom版です。基本的には、現像調整の最初に選んでください。

Adobe カラー

Adobe ビビッド

Adobe 標準

### ▶ プロファイル選びは現像調整の出発点

この［プロファイル］はバージョン7.3から搭載されました（厳密には「Adobe Raw プロファイル」と称します）。デジタルカメラや純正の現像ソフトなどで設定できる［スタンダード］［風景］［人物］といった、被写体に合わせて選ぶ仕上がり設定と同様のもので、RAWに対してのみ有効です。
読み込み直後は［Adobe カラー］が選ばれますが、［Adobe ビビッド］［Adobe 人物］［Adobe 標準］［Adobe 風景］などを選び直すことで、それぞれに定義されているトーンや発色に変わります（以前のバージョンのLightroom CCで読み込まれている画像は［Adobe 標準］となる）。現像調整を始める前に、被写体や表現内容

［プロファイル］メニュー。初期状態では［Adobe カラー］以外に［Adobe ビビッド］［Adobe 人物］［Adobe 標準］［Adobe 風景］が用意されている

に合った適切な［プロファイル］を選ぶことで、（場合によっては）パラメーター調整の手間が軽減され、より効率的にイメージを追求できるようになります。
［プロファイル］は現像調整の各パラメーターとは独立しており、［プロファイル］を選び直しても、各パラメーターに変化はありません。なお、［参照］を選ぶと、当初のメニューに現れる以外の各種プロファイルも選べるようになります。

次ページで解説している［プロファイルブラウザー］では、メニューに現れる以外のプロファイルが確認、利用できる

## 03 基本補正 ▶▶▶ プロファイルブラウザー
### ▶ 多様な表現のベースを選ぶ

[プロファイルブラウザー]には、多種多様なプロファイルが用意されています。カラーだけでなくモノクロを含む、バリエーション豊かな写真のスタイルや表現が用意され、現像調整のベースとすることができます。

アーティスティック07

Adobeカラー（初期設定）

ビンテージ05

### ▶ 多彩な表現の出発点として プロファイルを選ぶ

[プロファイルブラウザー]を開くと、グループごとに各種のプロファイルが収められています。クリックすることでそのプロファイルを適用できます。用意されているグループは[プロファイル]メニューに現れる[お気に入り]やアドビの標準的な仕上がり設定が含まれる[Adobe Raw]、カメラメーカーの発色を模した[カメラマッチング]の他、[レガシー][アーティスティック][ビンテージ][モダン][白黒]の8つです。グループのフィルタリング機能として[すべて][カラー][白黒]があり、また、表示形式として[グリッド][大][リスト]が選べます。
[プリセット]とは異なり、いずれの[プロファイル]も、現像調整のパラメーターとは独立しており、[プロファイル]を変更してもパラメーターは変化しません。表現したいイメージに最も近い[プロファイル]を選んでから具体的な現像調整を行うとよいでしょう。

なお、よく使う[プロファイル]は★をクリックすることで、[お気に入り]に登録され、[プロファイル]メニュー（前ページ参照）から直接選ぶことができるようになります。

[プロファイルブラウザー]を表示したところ。グループを展開して[プロファイル]をクリックし、適用する

各[プロファイル]に表示される★をクリックすると[お気に入り]に追加され、[プロファイル]メニューに表示されるようになる

# 04 基本補正 ▶▶▶ ホワイトバランス選択とホワイトバランス

▶ クリックやメニューで色かぶりを補正する

画像が全体的に特定の色で覆われた「色かぶり」の状態を手軽に補正できるのが、[ホワイトバランス選択]です。もともと無彩色の部分を見つけてクリックするだけで色補正が完了します。他にメニューでホワイトバランスを選び直すこともできます。

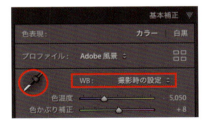

帽子の模様の白い部分をクリック
（ノーマルな色調になる）

オリジナル
（青かぶりしている）

帽子の紺色の部分をクリック
（黄赤の色かぶりになる）

### ▶ 無彩色部分をクリックするのがコツ

色かぶりというのは、特定の光源や光源の状態によって、画像全体が同じような色で覆われた状態のことです。光源や状況に合わせ、カメラ側で適切なホワイトバランスを選択すれば、色かぶりを防ぐことができますが、そうでないと色かぶりした画像になります。わかりやすい色かぶりの判断方法は、もともと無彩色の部分を見ることです。その部分が何色になっているかで色かぶりの状態がわかります。この[ホワイトバランス選択]は、スポイトのアイコ

スポイトの形のアイコンを画像に合わせるとピクセルが拡大される。中央の + 表示されたマスがもともと無彩色である部分を探してクリックする

ンを選び、無彩色部分をクリックするだけで色かぶりを補正してくれます。クリックする場所で微妙に補正結果が変化します。具合のよい結果になるよう、無彩色の部分を何カ所かクリックしてみるのもひとつの方法です。

なお、画像中に無彩色部分がない場合は、この機能では色かぶりを補正することはできません。

### ▶ ホワイトバランスのメニュー

撮影時にカメラのホワイトバランスを選ぶように、メニューでホワイトバランスを選ぶこともできます。当初は[撮影時の設定]となっていますが、これをクリックすると、メニューが現れ、光源に合わせたホワイトバランスを選べます。

撮影時の光源に合わせてメニューからホワイトバランスを選べる

079

## 05 基本補正 ▶▶▶ 色温度

▶ 青みを強くしたり、アンバー色を強くしたりする

画像の青かぶりやアンバー（黄赤）かぶりを補正するのに用います。あるいは意図的に青やアンバーの色かぶりを起こさせることもできます。2000〜50000までの間で調整でき、Lightroomで補正する場合、数値が小さいほど青みが、大きいほどアンバーが強くなります。

調整値　2000(K) ━━━━▲━━━━ 50000(K)

色温度：2000

オリジナル

色温度：50000

### ▶ 色温度とは

［色温度］とは黒体が放射する光の色から求められる温度のことで、K（ケルビン）という単位を使います。Lightroomの［色温度］に表示される数値の単位もKです。日中の太陽光下の色温度は、一般的に5000Kから5500K程度といわれます。メーカーにより多少の違いはありますが、デジタルカメラのホワイトバランスの「太陽光」は、この太陽光下の色温度を基準に設定されています。

色温度そのものは、5000〜5500Kを境に、値が小さいとアンバーが強くなり、値が大きいと青みが強くなります。Lightroomのパラメーターはこの逆の動きをしますが、それは撮影された場所の色温度を指定する、という意味になっているためです。例えば、青かぶりしている画像の場合は、スライダーを右にズラして数値を大きく（撮影現場の色温度に合わせて）すれば、ノーマルな発色になります。逆にアンバーかぶりの場合は、スライダーを左にズラして数値を小さくします。

### ▶ 寒色や暖色のイメージ処理にも

特に色かぶりを起こしていないという画像に対しては、［色温度］によってイメージ処理を施すこともできます。

青みがかかった画像の場合、私たちは、寒いとか冷たいといった印象を持ちます。アンバー色の場合、暖かい（温かい）といった印象になります。このような印象を与える色に関して、前者を「寒色」、後者を「暖色」と呼びます。

色温度に絡めて考えると、結果として色温度が高く青みが前面に出ていれば冷たい印象になる一方、色温度が低くアンバーが強ければ暖かみのある優しい印象になります。このような効果を利用して、色かぶりをしていない画像に対しても、寒色や暖色に調整することで、画像のイメージを変えることも可能です。

## 06 基本補正 ▶▶▶ 色かぶり補正
▶ 緑を強くしたり、マゼンタを強くしたりする

画像全体の緑かぶりやマゼンタかぶりを補正します。調整値は−150から+150です。マイナス側の調整で緑が強くなり、プラス側の調整でマゼンタが強くなります。作業を行う場合、かぶっている色と逆の方向にスライダーを調整して色かぶりの補正を行います。

色かぶり補正：−150

オリジナル

色かぶり補正：+150

### ▶ 緑やマゼンタの色かぶりを補正する

[色かぶり補正]は、[色温度]だけでは補正しきれない、緑やマゼンタの色かぶりを補正するために使います。緑かぶりが生じる条件としては、たとえば水銀灯や昔の蛍光灯を光源として撮影した場合です。そのような人工光源による緑かぶりは、やや汚い印象を与えるため、補正してノーマルな色調にすることがよくあります。一方、マゼンタかぶりは、夕暮れ時の風景撮影などで生じますが、好ましく感じられる色であるため、行っても微調整程度でしょう。
調整はスライダーを操作したり、数値を入力したりします。マイナス側の調整で緑が強く、プラス側の調整でマゼンタが強くなります。緑とマゼンタは混ぜ合わせると無彩色になるという「補色」の関係にあり、その効果を利用し、逆の色を強調することでノーマルな色調にします。

なお、初期値は必ずしも0ではなく、画像に記録されているカメラのホワイトバランス設定によって異なります。
緑〜マゼンタに変化する[色かぶり補正]は、当初は使いにくいかもしれません。その場合、P.79で解説した[ホワイトバランス選択]を最初に用い、[色かぶり補正]で微調整するというのもひとつの方法です。

### ▶ 色作りに利用する

[色かぶり補正]も[色温度]と同じように、あえて特定の色を強調することで、イメージ的な処理に用いることもできます。植物を写したのに、葉の緑の印象が弱いという場合に、緑を強めれば生き生きとしてきます。また、都会の風景写真などに対しては、軽くマゼンタを加えることで、非現実的でクールなイメージが強調されます。

# CHAPTER 4

## 07 基本補正 ▶▶▶ 自動補正

▶ ワンボタンで適切な明るさに調整する

［自動補正］というボタンをクリックするだけで、Lightroomが画像を適切な明るさに調整してくれます。暗めの画像は明るく、明るめの画像は暗くし、適度な明るさに調整します。ただし、必ずしも狙い通りの補正にならないこともあります。

オリジナル

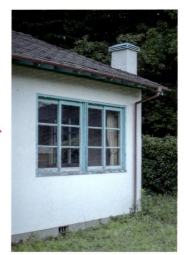

［自動補正］の適用後

### ▶ 画像を分析して必要なパラメーターを調整する

名前の通り、画像の明るさを自動調整するのが［自動補正］です。［自動補正］ボタンをクリックすると、Lightroomが画像の状態を分析し、全体的な明るさやコントラスト、シャドウ階調やハイライト階調などの他、彩度および自然な彩度も調整してくれます。［自動補正］の結果、黒つぶれや白飛びなどが出にくい、「一般的」あるいは「データ的」に適切なヒストグラムを持つ明るさの画像になります。

「一般的」とか「データ的に」と書いたのは、実際には、写真の絵柄によってコントラストが強い方が見栄えがよかったり、あるいはその逆だったりすることがあるためです。また、ハイキー調、ローキー調の方がその写真の雰囲気をよく伝える場合もあるためです。

### ▶ パラメーターの調整結果も確認

［自動補正］を利用すると、補正されたパラメーターが変化します。明るさに関係する［露光量］から［黒レベル］、［自然な彩度］、［彩度］が対象です。［自動補正］による結果が思わしくなくても、データ的に適切な状態を出発点にすることで、各パラメーターの調整など、補正のプランが立てやすくなることもあります。

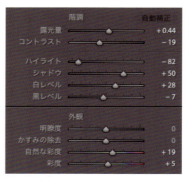

［自動補正］を行うと、必要なパラメーターが自動的に調整される。図は、上に挙げた作例の調整結果

## 08 基本補正 ▶▶▶ 露光量
▶ 画像全体を暗くしたり、明るくしたりする

カメラの「露光」の用語に合わせた表記ですが、いい換えれば「明るさ」の調整です。画像全体を暗くしたり、明るくしたりします。暗く写ってしまった画像を明るくしたり、明るく写ってしまった画像を暗くしたりすることができます。調整範囲は－5.00から＋5.00で、初期値は0です。

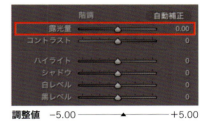

調整値　－5.00 ━━━▲━━━ ＋5.00

露光量：－2.00

オリジナル

露光量：＋2.00

### ▶撮影後に行う「露出補正」

明るさを調整するパラメーターは複数ありますが、[露光量]の調整は、中間調を中心にしながらシャドウやハイライトなど、画像全体の明るさに大きく影響します。調整できる値の範囲は－5.00～＋5.00ですが、この値は露出値（EV値、段数）に相当すると考えてよいでしょう。そのため、例えば2段分暗く写ってしまったといった画像に対しては、[露光量]を[＋2.00]とすることでイメージした明るさになります。逆に2段分明るく写ってしまったという場合は[－2.00]とします。カメラで行う露出補正を撮影後に行うようなイメージです。

[露光量]の調整幅は±5.00と広いので、大胆な明るさ調整が可能です。一方、調整の最小単位も0.01と小さいので、より細かな明るさ調整も可能になっています。

### ▶よくできたアルゴリズム

[露光量]のスライダーを左右に動かしながらヒストグラムを見ていると、ヒストグラムが左右に貼り付きにくく感じます。ヒストグラムが左右に貼り付くというのは、左の場合は黒つぶれ、右の場合は白飛びを意味しますから、この[露光量]は黒つぶれや白飛びを極力生じさせないような仕組みになっています。先に、[露光量]は画像全体の明るさを調整すると書きましたが、実際には特に中間調が大きく変化します。黒つぶれや白飛びが生じにくいのもそのためでしょう。

とはいっても、適正露出に対しておよそ±3.00以上の調整を行うと、やはり黒つぶれや白飛びが生じやすくなるので、調整は丁寧に行うことが肝心です。

なお、スライダーでは小数点以下の調整がしにくいので、数値を入力するか、または[↑][↓]キーでの調整が可能です。

## 09 基本補正 ▶▶▶ コントラスト

▶ 画像のメリハリ感を強めたり、弱めたりする

画像のメリハリ感を調整するのが［コントラスト］です。写真用語としてのコントラストは、輝度差や明暗差を意味します。［コントラスト］の調整範囲は－100から＋100で、初期値は0です。マイナス側の調整でコントラストは低く、プラス側の調整でコントラストは高くなります。

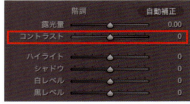

コントラスト：－100

オリジナル

コントラスト：＋100

### ▶ メリハリ感の調整

画像のコントラストの印象はよく「メリハリ感」と表現されます。画像の明暗の違いがはっきりしているものはコントラストが高い（強い）状態、明暗がはっきりしていないものはコントラストが低い（弱い）状態です。昔ながらの写真用語でいうと、「調子」と表現することもできます。高いコントラストは「硬い調子（硬調）」、低いコントラストは「軟らかい調子（軟調）」などといいます。

コントラストが高い状態は、メリハリ感が強調されるため、一見して強い印象を与えます。そのため、風景写真などではコントラストが強めのものが好まれます。逆にコントラストが低いとソフトな印象を与えます。表現内容にもよりますが、女性ポートレートなどではコントラストを低くし、やわらかさを演出することもよくあります。

### ▶ コントラストをヒストグラムで確認する

コントラストはヒストグラムで確認することができます。下図は上に挙げた作例のヒストグラムですが、「オリジナル」のヒストグラムは、ヒストグラムがシャドウ（左側）からハイライト（右側）まで延びていることが確認できます。それに対し「コントラスト：－100」ではヒストグラムが中央に集まり、「コントラスト：＋100」ではヒストグラムが左右に分かれます。ヒストグラムが1カ所に集まればコントラストは低く（差が小さく）、左右に別れるとコントラストが高く（差が大きく）なるというわけです。

コントラスト：－100

オリジナル

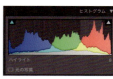
コントラスト：＋100

# 10

## 基本補正 ▶▶▶ ハイライト

▶ ハイライト階調の明るさを調整する

［ハイライト］は、明るい階調部分＝ハイライトを中心として、明るさを調整します。明るすぎる部分を暗くして白飛びを軽減して階調を出したり、逆に暗い部分を明るくしたりすることができます。調整範囲は－100から＋100で、初期値は0です。

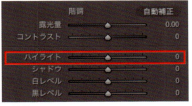

ハイライト：－100

オリジナル

ハイライト：＋100

### ▶ ハイライト側の明るさを調整

［ハイライト］は画像の明るい部分、つまりハイライトの階調を中心に明るさを調整します。調整できる値の範囲は－100から＋100で、初期値は0です。マイナス側に調整すると明るい部分が暗くなり、プラス側に調整すると明るい部分がさらに明るくなります。

［ハイライト］の真骨頂は、白飛び気味の部分が目立つ画像に対し、マイナスの調整をすることで、しっかりと色や階調を出してくれることです。それにより、味気なかったハイライト部分に表情が生まれま

す。また［露光量］や［コントラスト］などをプラス補正した場合に生じる白飛びも、［ハイライト］のマイナス調整で色や階調を復元できます。

逆にハイライト階調が暗く抜けが悪いような場合にはプラス補正すると効果的です。

### ▶ コントラストが低下しにくい

この［ハイライト］の特徴は、極端な調整を行ってもコントラストが低下しにくいことです。それは、ハイライト階調を調整の中心としながらも、中間調やシャドウも併せて調整しているためです。ヒストグラムを見ても、単純にハイライトだけを調整しているのではないことがわかります。左図は上の作例のヒストグラムです。

オリジナルのヒストグラム

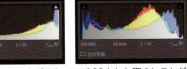

－100とした際のヒストグラム。ハイライト階調が左にズレるだけでなく中間調以下も変化する。このためコントラストの低下が生じにくい

## CHAPTER 4

## 11 基本補正 ▶▶▶ シャドウ

▶ シャドウ階調の明るさを調整する

［シャドウ］は、暗い階調部分＝シャドウを中心として明るさを調整します。暗すぎる部分を明るくして黒つぶれを軽減し、階調を出したり、逆に暗い部分をさらに暗くしたりすることができます。調整範囲は−100から＋100で、初期値は0です。

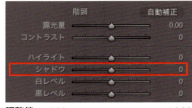

シャドウ：−100

オリジナル

シャドウ：＋100

### ▶ シャドウ側の明るさを調整

［シャドウ］は画像の暗い部分、つまりシャドウの階調を中心に明るさを調整します。

調整できる値の範囲は−100から＋100で、初期値は0です。マイナス側に調整すると暗い部分がさらに暗くなり、プラス側に調整すると暗い部分が明るくなって階調が出てきます。

ヒストグラム上は完全に黒つぶれしているわけではないのに黒の階調が見えにくいという場合、［シャドウ］をプラス補正すると、階調が出てきて写真が見やすくなります。ちょうどレフ板を当てたような効果が得られるのが特徴です。

また、マイナスの［露光量］補正やプラスの［コントラスト］補正をすると黒つぶれが生じやすくなりますが、その際も［シャドウ］をプラス補正することで黒つぶれを防ぐことができます。

### ▶ コントラストが低下しにくい

［ハイライト］と同様にこの［シャドウ］も、調整によるコントラストの低下が生じにくいことが特徴です。そのため、極端なプラス補正を行い十分に明るくしたとしても、見栄えが悪くなりません。シャドウ階調を中心としながらも中間調も併せて調整しているためです。

オリジナルのヒストグラム

＋100とした際のヒストグラム。主にシャドウの山が右にズレるが、併せて中間調付近も微妙に右にズレていることがわかる。このため、コントラストの低下が生じにくい

## CHAPTER 4

# 12

## 基本補正 ▶▶▶ 白レベル

▶ ハイエストライト付近の明るさを調整する

最も明るい階調付近（ハイエストライト）の明るさを調整します。調整範囲は−100から+100で、初期値は0です。値をマイナス側にすると白飛びを軽減できます。プラス側に調整すると白飛びしやすくなるので注意してください。

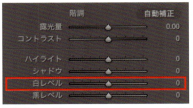

白レベル：−100

オリジナル

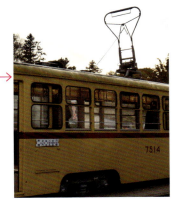
白レベル：+100

### ▶ ハイエストライトを調整する

最も明るい白をハイエストライトと呼びますが、［白レベル］はそのハイエストライト付近を中心に明るさを調整します。

調整できる値の範囲は−100から+100で、初期値は0です。ハイエストライト付近の階調に対し、マイナスの補正で暗く、プラスの補正で明るくします。ハイエストライト付近が調整の主な対象となるため、白飛びが目立つ画像に対して、マイナス補正をすること

で白飛びを目立たなくすることができます。ただし、完全な白飛びが広範囲に広がっている場合は、マイナス補正をしてもその部分がグレーになるだけです。逆にハイライトの抜けが悪い場合は、プラス補正をすることでスッキリとした印象にすることができます。
白飛びしているかどうかは明示することができます。ヒストグラム上で右クリックし、メニューから「クリッピング」に関する項目を有効にすると、白飛び部分は赤で表示されます（クリッピングとは切り抜く、切り詰めるという意味ですが、ここでは白飛びや黒つぶれと理解してください）。

ヒストグラム上で右クリックし、必要な「クリッピング」関連の項目を有効にする

クリッピングの表示が有効で画像に白飛び部分があると、その部分が赤で表示される

087

# CHAPTER 4

## 13 基本補正 ▶▶▶ 黒レベル

▶ ディープシャドウ付近の明るさを調整する

最も暗い階調付近（ディープシャドウ）の明るさを調整します。調整範囲は－100から＋100で、初期値は0です。値をプラス側にすると黒つぶれを軽減できます。マイナス側に調整すると逆に黒つぶれが生じやすくなるので注意してください。

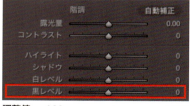

調整値　－100 ──────▲────── ＋100

黒レベル：－100

オリジナル

黒レベル：＋100

### ▶ ディープシャドウを調整する

前ページの［白レベル］はハイエストライトを調整しますが、この［黒レベル］は逆に「最も暗い階調付近＝ディープシャドウの明るさ」を調整します。
初期値は0で、－100から＋100までの間で調整ができます。プラス側に調整するとディープシャドウ付近の階調を中心として明るくなり、マイナス側に調整すると暗くなります。
ディープシャドウ付近の明るさに影響するため、黒の締まり具合の調整に使います。元の画像の階調の状態にもよりますが、黒が締まっていない場合はマイナス側に調整し、黒がつぶれすぎているような場合はプラス側に調整します。
［黒レベル］単独でも利用することもありますが、画像によっては［シャドウ］と併用することで、さらに効果的な使い方ができます。
画像中で黒つぶれが生じているかどうかですが、前ページの白飛びを明示するのと同じ方法で確認できる他、表示されていればヒストグラム上の△や▲のクリックでも確認できます。黒つぶれ部分は青で表示されます。

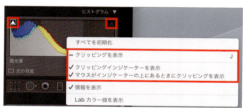

ヒストグラム上で右クリックし、必要な「クリッピング」関連の項目を有効にする

画像中に黒つぶれした部分があると、その部分が青で表示される

## CHAPTER 4 | 14

## 基本補正 ▶▶▶ 明瞭度
▶ 画像の細部をクッキリさせたり、ぼんやりさせたりする

［明瞭度］は細部のコントラストを調整して、画像をクッキリとさせリアルに見せたり、逆にぼんやりさせたりするのに使います。調整範囲は－100から＋100で、初期値は0です。［明瞭度］は、画像を拡大表示し、効果を確認しながら調整しましょう。

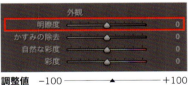
調整値　－100　　　　▲　　　　＋100

明瞭度：－100

オリジナル

明瞭度：＋100

### ▶ 細部のコントラストを調整する

［明瞭度］は細部のコントラストを調整します。調整できる値の範囲は－100から＋100です。マイナス側の調整で画像がぼやけて見えるようになり、プラス側の調整で輪郭や細部が明瞭になり、被写体によっては立体感が増します。

被写体をハッキリ、クッキリと見せたい場合はプラス側に調整してみましょう。被写体の質感が高まりリアルさが増すように感じます。ただし、調整しすぎると逆に不自然に見えてくるので注意してください。この作例では果物を使いましたが、風景写真などにもとても効果的です。被写体の質感を逆に強調したくないという場合は、マイナス側に調整します。

［明瞭度］の効果はシャープと似てはいますが、［明瞭度］は輝度の中間調付近を調整します。シャープほど画質を荒らさないのが特徴です。

### ▶ 調整は画像を拡大して確認しながら

最近では、カメラ本体に［明瞭度］というパラメーターが搭載された機種も出てきています。写真に写る被写体の質感や立体感、リアル感を高めるのに効果的だからでしょう。一種のトレンドといえます。
Lightroomの［明瞭度］は、カメラで設定する以上の効果がありますが、強めの調整を行う場合は画像の全体表示だけでなく、100％に拡大表示するなどして、細かな部分の変化にも注意してください。
［シャープ］ほどではないですが、プラス側に調整しすぎると画質がざらついたり、またコントラストの強い輪郭部ではハロ（明るさのにじみ）が生じたりすることがあります。意図してそのような表現をするのでなければ、なるべく自然に見える範囲での調整に止めておくのがよいでしょう。

## 15 基本補正 ▸▸▸ かすみの除去

▶ かすんだ風景をクッキリさせたり、逆にかすませたりする

［かすみの除去］を使うと、「かすみ」や「もや」を軽減、除去し、画像をハッキリとさせることができます。調整値は－100から＋100で、初期値は0です。プラス側の調整でクッキリとした画像になりますが、マイナス側の調整ではかすみが強まります。

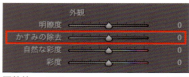

かすみの除去：－30

かすみの除去：＋30

かすみの除去：0（初期値）

### ▶ 画像をクッキリと鮮明にする

［かすみの除去］では、「かすみ」や「もや」などによるコントラストの低い画像をクッキリとさせる効果を期待できます。写真全面がかすんでいる画像はもちろん、近景と遠景に別れ遠景だけがかすんでいるような写真にも効果的です。

［かすみの除去］の調整できる値の範囲は－100から＋100で、初期値は0です。値を小さくするとかすみが強まってぼんやりとし、値を大きくするとかすみが除去されクッキリとします。

画像をクッキリとさせるのに［基本補正］パネルの［コントラスト］や［明瞭度］では思うような結果が得られない場合や、かすみを部分補正するのが面倒な場合などで、この［かすみの除去］を使ってみると効果的なケースがあります。

### ▶ 調整しすぎには注意

［かすみの除去］は、強めに調整すると色が濃くなりすぎます。そのような場合の対処法として、明るさ関連のパラメーターを使い明るくしたり、コントラストを低下させたりする他、彩度関連のパラメーターをマイナスに調整する方法などがあります。

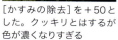

［かすみの除去］を＋50とした。クッキリとはするが色が濃くなりすぎ

左の画像に対し、ここでは［ハイライト］をプラス側に調整して、色の濃さを軽減した

# 16

## 基本補正 ▸▸▸ 自然な彩度
▶ 色ごとに異なる彩度のバランスを取って調整する

[自然な彩度]は色の鮮やかさ（彩度）を調整します。[彩度]と異なるのは、例えばプラスに調整すると彩度が高い色（赤とか青などの）よりも彩度が低い色に対してより強い効果が加わります。また、人物写真に用いると、肌の不自然な彩度強調を抑えつつ、全体的な彩度の調整が可能です。

調整値 −100 ━━━▲━━━ +100

自然な彩度：−100

オリジナル

自然な彩度：+100

### ▶ 彩度が低い色を調整する

[自然な彩度]は、色ごとに異なる彩度のバランスを取りながら、調整することができます。調整できる値の範囲は−100から+100で、初期値は0です。マイナス側への調整で彩度が低く（色味が弱まる）、プラス側への調整で彩度が高く（色鮮やかになる）なります。

[自然な彩度]をプラス側に調整した場合、特に彩度の高い色への影響は抑えつつ、彩度の低い色の彩度を上げるように働きます。そのため、色ごとの彩度のバランスが整うようになります。

逆にマイナス側に調整した場合は、全体的に彩度が下がりますが、特に彩度の高い色に対してより彩度を下げる方向に働きます。なお、[彩度]で−100とすると完全なモノクロ画像になるのに対し、[自然な彩度]では完全なモノクロにはならずわずかに彩度が残ります。

### ▶ 風景写真や人物写真の調整に適する

[自然な彩度]は上記したような機能の他、寒色系に効果が効きやすいという特徴もあります。作例に挙げたような風景写真では青空が写り込むことが多いですが、その青を重点的に調整し色味を強めることができます。また、[彩度]では肌色が強調されすぎるポートレートも、自然に仕上げることができます。

オリジナル

[自然な彩度]による調整結果

[彩度]による調整結果

091

## CHAPTER 4

## 17 基本補正 ▶▶▶ 彩度

▶ 各色の彩度を均一に調整する

彩度、つまり色の鮮やかさを調整します。[自然な彩度]とは異なり、各色を均一に調整します。調整値は−100から＋100で、初期値は0です。マイナス側の調整で彩度が低くなり、プラス側に調整で彩度が高くなります。なお、−100にするとモノクロ画像になります。

調整値　−100 ━━━━▲━━━━ ＋100

彩度：−100

オリジナル

彩度：＋100

### ▶ 各色の彩度を均一に調整する

彩度とは、色の鮮やかさのことです。わかりやすいのは、モノクロとカラーの対比です。モノクロは色の鮮やかさがまったくない状態です。一方「色」を感じるのであれば、彩度があるカラー画像です。

[彩度]の調整できる値の範囲は−100から＋100で、マイナス側の調整で彩度が低くなり、プラス側の調整で彩度が高くなります。少し色が派手に感じるという場合はマイナス側に、逆に色があっさりしているとか、派手な印象にしたいという場合はプラス側に調整します。

前ページの[自然な彩度]が色ごとの彩度のバランスを取るような働きをするのに対し、[彩度]では各色とも単純かつ均一な調整がなされます。[彩度]と[自然な彩度]を組み合わせて使うこともあります。

### ▶ プラス調整時は色飽和に注意

[彩度]に限らず[自然な彩度]でもいえることですが、色味を強調しようとしてプラス側に調整した場合、注意したいのが「色飽和」という現象です。色飽和とはそれ以上彩度が上がらない上限のことです。色飽和した範囲では、色の階調がなくなるため、写真らしさがなくなります（極端な場合、絵のように見えてきます）。表現手法や程度の問題でもあるのですが、自然な写真表現を望むのであれば、極端な色飽和が生じるような調整は控えた方がよいでしょう。

船の煙突部分。適度な彩度なので、赤のグラデーション（階調）がきちんと表現されている

彩度を＋100としたもの。色飽和し赤のグラデーションがなくなったため平面的に見える

## 18 トーンカーブ ▶▶▶ ハイライト
### ▶ ハイライト階調の明るさを調整する

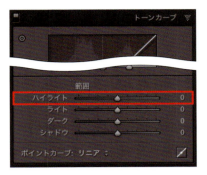

［トーンカーブ］にある範囲スライダーの［ハイライト］は、階調のハイライト部の明るさを調整します。調整値は−100から＋100で、初期値は0です。マイナス側に調整するとハイライト部が暗く、プラス側に調整するとハイライト部が明るくなります。

ハイライト：−100

ハイライト：0

ハイライト：＋100

### ▶ スライダー操作でハイライトを調整

［トーンカーブ］の範囲スライダーが表示されていない場合は、［ポイントカーブ］にある［クリックしてポイントカーブを編集］ボタンをクリックします（もう一度クリックすると、スライダーは非表示になります）。すると、［ハイライト］［ライト］［ダーク］［シャドウ］の4つが表示されます。

［ハイライト］は、画像の明るい部分を調整します。スライダーにマウスを合わせると、トーンカーブの背景が少し明るくなりますが、その範囲が調整の対象となる階調です。調整できる値の範囲は−100から＋100で、初期値は0です。マイナス側に調整すると、画像のハイライト部が暗くなり、プラス側に調整するとハイライト部が明るくなります。

なお、作例のようにマイナス側への極端な調整は、コントラスト低下を招くので注意してください。

範囲スライダーが表示されない場合は、［ポイントカーブのオプション］にあるボタンをクリックする

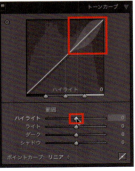

スライダーにマウスを合わせると、調整の対象となる階調の範囲が表示される。明るくなる範囲の間でトーンカーブが変形する

## 19 トーンカーブ ▶▶▶ ライト

▶ 明るめの中間調の明るさを調整する

[トーンカーブ]にある範囲スライダーの[ライト]は、明るめの中間調が調整の対象となります。初期値は0で、-100から+100までの間で調整できます。マイナス側の調整で暗く、プラス側の調整で明るくなります。調整対象の範囲が広いので、調整の影響は大きめです。

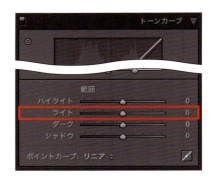

ライト：-100

ライト：0

ライト：+100

### ▶ 中間調からハイライトに影響

[トーンカーブ]の[ライト]スライダーは、明るめの中間調が調整の対象になります。スライダーにマウスを合わせて調整範囲を確認すると、その範囲が広いことがわかります。中間調付近から[ハイライト]の範囲まで調整の対象となるため、スライダーの調整による影響は大きめです。
画像が暗めでハイライトの抜けが悪いという場合にはプラス側に調整し、逆に少し明るすぎるといった場合にはマイナス側に調整します。
[ライト]や[ハイライト]はシャドウ側への影響はありません。その点、多少とも影響のある[基本補正]の[ハイライト]や[白レベル]とは調整結果が異なります。調整したいイメージに合わせて、[トーンカーブ]のこれらの機能を使うのか、[基本補正]の項目を使うのか使い分けましょう。

### ▶ トーンカーブの直接操作

トーンカーブにマウスを合わせて上下にドラッグすることで、カーブを直接操作することができます。この場合、カーブを上にドラッグすると明るく、下にドラッグすると暗くなります。

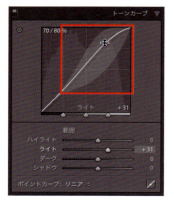

トーンカーブ上で明るくなっている背景部分が[ライト]の調整範囲。スライダー操作だけでなく、カーブを上下にドラッグすることでも調整できる

## 20 トーンカーブ ▶▶▶ ダーク
● 暗めの中間調の明るさを調整する

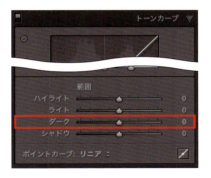

［トーンカーブ］にある範囲スライダーの［ダーク］は、暗めの中間調が調整の対象となります。初期値は0で、−100から＋100までの間で調整できます。マイナス側の調整で暗く、プラス側の調整で明るくなります。これも調整対象の範囲が広いので、影響は大きめです。

ダーク：−100

ダーク：0

ダーク：＋100

### ● シャドウから中間調に影響

［トーンカーブ］の［ダーク］スライダーは、暗めの中間調が調整の対象になります。スライダーにマウスを合わせて調整範囲を確認すると、シャドウ部から中間調にかけて広い範囲が調整の対象となることがわかります。ただし、ハイライト部への影響はほとんどありません。

スライダーの初期値は0で、マイナス側の調整で暗く、プラス側の調整で明るくなります。画像全体が暗く沈んでいるという場合にはプラス側に調整します。逆に画像全体が明るく、また黒が浮いて締まりがないように見える場合はマイナス側に調整します。

調整対象となる階調の範囲が広いため、［ダーク］の調整による影響は大きめです。印象を大きく左右するので丁寧に調整するようにしてください。

### ● 分割コントロールによる微調整

［トーンカーブ］の図の下にある3つのスライダーは［分割コントロール］と呼ばれます。カーブが変化する階調部分を微調整するのに用います。図は中央の分割コントロールを調整した例ですが、左右に操作することで、カーブが変化していることが確認できます。スライダーの左への移動で暗く、右への移動で明るくなります。

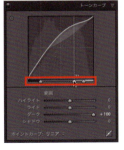

分割コントロールのスライダーを左右にズラすとそれに応じてカーブが変化するのがわかる

## 21 トーンカーブ ▶▶▶ シャドウ

▶ シャドウ階調の明るさを調整する

[トーンカーブ]にある範囲スライダーの[シャドウ]は、階調のシャドウ部の明るさを調整します。調整値は－100から＋100で、初期値は0です。マイナス側に調整するとシャドウ部が暗く、プラス側に調整するとシャドウ部が明るくなります。

シャドウ：－100

シャドウ：0

シャドウ：＋100

### ▶ 範囲が狭い

[トーンカーブ]の[ダーク]スライダーは、シャドウ階調が調整の対象となります。スライダーにマウスを合わせると、トーンカーブ上の左側の部分が明るくなりますが、その範囲が調整対象です。[ダーク]とは異なり階調の範囲が狭いので、調整による影響も限定的です。スライダーの初期値は0で、マイナス側の調整で暗く、プラス側の調整で明るくなります。本来、黒っぽい部分が明るくて締まりがない、という場合はスライダーを左側に移動すれば、黒を締めることができます。黒がつぶれ気味で階調が出ていないという場合はスライダーを右にズラすと黒のトーンが現れてきます。

なお、極端なプラス補正をすると作例のようにコントラストが低下することがあります。

### ▶ 画像を直接ドラッグして調整する

[トーンカーブ]の左上にある[写真内をドラッグしてトーンカーブを調整]ボタンをクリックすると、画像上でドラッグしての調整が可能になります。その場合、調整したい画像部分にマウスを合わせ、上側にドラッグするとその階調範囲が明るくなり、下側にドラッグすると逆に暗くなります。その調整内容は、カーブの状態や各スライダーの値の変化でも確認できます。ドラッグでの調整が終わったら、ツールバーの右端にある[完了]ボタンで確定します。

[写真内をドラッグしてトーンカーブを調整]ボタンをクリック

調整したい部分にマウスを合わせて、上下にドラッグすると、そのピクセル値を中心として明るさが調整される

## 22 トーンカーブ ▶▶▶ ポイントカーブメニューのオプション
▶ メニューからコントラストの強弱を選ぶ

[トーンカーブ]にはいくつかの操作方法があります。ここに取り上げたのは、メニューを選んでコントラストの強弱を調整する方法です。Lightroomの初期設定は[リニア]で、その状態から[コントラスト（中）][コントラスト（強く）]を選ぶことができます。

リニア

コントラスト（中）

コントラスト（強く）

### ▶ メニューを選んでコントラストを調整

[トーンカーブ]の[ポイントカーブ]をクリックするとメニューが現れ、[リニア][コントラスト（中）][コントラスト（強く）]の3つの項目が選べます。初期設定は適度なコントラストが付いている[リニア]ですが、コントラストをより強めたい場合は、他の2つの項目が選べます。
[トーンカーブ]は複雑な調整も可能ですが、簡単に調整したいという場合に、このメニューは便利です。メニューから項目を選んだあと、必要に応じて[ハイライト]や[ダーク]といったスライダーで調整に手を加えることができます。

### ▶ トーンカーブの変化を確認

[リニア][コントラスト（中）][コントラスト（強く）]、それぞれの項目を選んだ場合のトーンカーブの変化を見てみましょう。[リニア]では直線ですが、「コントラスト〜〜」の2つは「S字」のカーブを描きます。トーンカーブでは「S字」のカーブがきつくなるほど、コントラストが強まっていきます。

[リニア]のトーンカーブ

[コントラスト（中）]のトーンカーブ

[コントラスト（強く）]のトーンカーブ

## 23 トーンカーブ ▶▶▶ ポイントカーブ編集
### ▶ カーブを自由に調整する

［クリックしてポイントカーブを編集］ボタンをクリックすると、［ハイライト］や［ダーク］などのスライダーが消え、カーブを直接操作するモードに切り替わります。スライダーで操作するよりも、自由度の高い明るさやトーンの調整が可能になります。

ローキー（暗いトーン）な仕上げ

ハイキー（明るいトーン）な仕上げ

コントラストを強めた仕上げ

### ▶ カーブを操り思い通りの明るさやトーンに

［トーンカーブ］の「ポイントカーブを編集」のモードでは、カーブを直接操作し、明るさやトーンを自由に調整することができます。基本的にカーブを持ち上げれば明るく、下げれば暗くなります。また、「S字」状のカーブでコントラストが強く、「逆S字」状のカーブでコントラストが弱まります。

このモードでは、カーブを1カ所操作すると、カーブ全体、つまり階調全体に影響がおよびます。調整の必要な階調を判断し、必要に応じて複数のポイントで調整することが重要になってきます。

作例は、ハイキー、ローキー、コントラスト強調、の3つです。右に調整前の画像の状態と、上記作例に用いたトーンカーブを示しました。

カーブの状態とそれによって画像がどのように変化するか、参考にしてください。

調整前の状態

ローキーな仕上げのトーンカーブ

ハイキーな仕上げのトーンカーブ

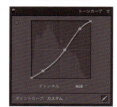

コントラストを強めた仕上げのトーンカーブ

## 24 トーンカーブ ▶▶▶ チャンネル
### ▶ R/G/Bのカーブで色補正をする

［ポイントカーブを編集］のモードでは、［チャンネル］を変更することで、色補正も可能になります。［RGB］を［レッド］［グリーン］［ブルー］のいずれかに切り替え、カーブ操作によって色補正ができます。ここでは「チャンネル」は「色」のことと理解してください。

レッドのチャンネルで
カーブを持ち上げた例

オリジナル

レッドのチャンネルで
カーブを引き下げた例

### ▶ チャンネルを選んで行う色補正

［チャンネル］を［レッド］［グリーン］［ブルー］に変えることで色補正が可能です。それぞれのチャンネルでは、カーブを持ち上げるとその色が強まり、引き下げると補色が強まります。例えば［レッド］では、カーブを持ち上げると画像全体の赤みが強まり、引き下げると補色のシアンが強まります。
補色とは混ぜ合わせると無色になる色の組み合わせのことですが、レッドとシアンの他、グリーンとマゼンタ、ブルーとイエロー、がそれぞれ補色の関係にあります。選んだチャンネルの色を強めるだけでなく、補色も利用することで複雑な色補正も可能になります。
例えばカーブを「S字」状にした場合、カーブが持ち上がった部分ではそのチャンネル色が強まり、カーブが引き下がった部分では補色が強まります。

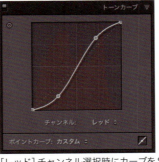

［レッド］チャンネル選択時にカーブをS字状にした例。カーブが持ち上がった階調では赤が強まり、カーブが引き下がった階調では補色のシアンが強まる。この仕組みを知っているとより複雑な色補正も可能だ

## 25 HSL ▶▶▶ 色相

● 特定の色の色合いを変える

[HSL]の[色相]は特定の色に対してのみ、その色合い（色相）を変えることができます。初期値は0で、調整値は－100から＋100までの間。どのように色が変わるかは選んだ色によります。[ブルー]を選んだ場合は、画像中の青色はアクア系やパープル系に変更可能です。

HSLの色相：ブルーを－100

オリジナル

HSLの色相：ブルーを＋100

### ● 色相（H）、彩度（S）、輝度（L）を調整する

[HSL]とは、色の3要素と呼ばれる、色相（H）、彩度（S）、輝度（L）の頭文字を取ったものです。[HSL]ではまさに色相、彩度、輝度を調整することができます。
ここで取り上げている[色相]とは、赤や青、黄色といった色合いのことです。元は青い色をアクア系やパープル系にしたり、赤い色を黄色系にしたりすることができます。その色がどのような色に変えられるかは、パネルに並んだ[レッド]〜[マゼンタ]までの色の順番でわかります。[ブルー]の場合はその上下にある[アクア]側と[パープル]側、[レッド]の場合は[マゼンタ]側と[オレンジ]側（色名の上下で循環します）に変えることができます。
それぞれの色は－100から＋100の間で調整できますが、マイナス側への調整は上側の色に、プラス側への調整は下側の色に変わります。元の色の具合にもよりますが、操作しているスライダーの上下それぞれ2つくらいまでの間で色が変化します。

### ● 写真をドラッグして色を変更

パネルの左上にある[写真内をドラッグして色相を変更]をクリックすれば、画像中の変更したい色にマウスを合わせ、その場で上下にドラッグすることで色相を変更できます。最後に画像右下の[完了]ボタンで確定します。この方法は他の[彩度]と[輝度]でも利用できます。

[写真内をドラッグして色相を変更]ボタンをクリックする

色相を変更したい場所で上下にドラッグするとその色の色相が変わる

## 26 HSL ▶▶▶ 彩度
▶ 特定の色の鮮やかさを変える

[HSL]の[彩度]は、特定の色の彩度（色の鮮やかさ）を調整します。調整値は−100から+100で、初期値は0です。[彩度]は、マイナス側の調整で色味そのものが薄くなり、最後にはモノクロになります。プラス側の調整では、色がより鮮やかになります。

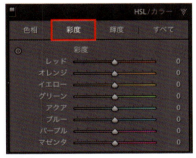

調整値 −100 ━━━━▲━━━━ +100

HSLの彩度：ブルーを−100　　オリジナル　　HSLの彩度：ブルーを+100

### ▶ 特定の色の鮮やかさを調整する

「彩度」とは、色の鮮やかさのことです。彩度が低いと色のりが悪く感じられ、彩度が完全になくなるとモノクロになります。一方、彩度が高いと色がハッキリし鮮やかに見えますが、彩度を上げすぎると色の階調のない「色飽和」という状態になります。
この[HSL]の[彩度]は、スライダーで選んだ特定の色に対して、その色の彩度を調整することができます。マスクなどを利用する部分補正を使わずとも、特定色だけ調整できる便利な機能です。
[HSL]の他の機能もそうですが、画像中の処理したい色と、色のスライダーを対応させるのが難しいことがあります。例えば画像中では青と感じても、実際には青とアクアの混色であることもあります。混色である場合、調整ムラが生じる可能性があるので、1色だけの調整に止めず、上下のスライダーも調整したり、前ページで紹介している[写真内をドラッグして〜〜]の方法も試したりして、ムラのないきれいな調整

結果になるよう気を付けてください。

### ▶ パートカラー表現

パートカラーとは、特定の色だけを残して他の色を無彩色にすることです。下図は[アクア]と[ブルー]以外の彩度をすべて−100にした例。[HSL]の[彩度]ではこのような表現も可能です。

[アクア]と[ブルー]以外を−100にすると、青系の色味だけが残る。このようなパートカラー表現にも利用できる

101

## 27 HSL ▶▶▶ 輝度

● 特定の色の輝度を変える

[HSL]の[輝度]は、特定の色の輝度を調整します。調整値は－100から＋100で、初期値は0です。マイナス側の調整で、その色が暗くなり、プラス側の調整でその色が明るくなります。マスクを使わずとも特定の色の明暗を調整できる便利な機能です。

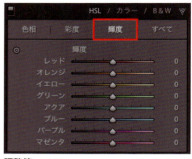

調整値 －100 ──────▲────── ＋100

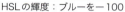

HSLの輝度：ブルーを－100

オリジナル

HSLの輝度：ブルーを＋100

### ● 特定の色の輝度を調整する

「輝度（ルミナンス）」とは、厳密には被写体から届く光の量を意味しますが、ここでは簡単に明るさと考えてください。調整できる値の範囲は－100から＋100で、初期値は0です。各色のスライダーを左のマイナス側に調整するとその色が暗くなり、右のプラス側に調整するとその色が明るくなります。
作例では、[ブルー]を調整していますが、マイナス側の調整で青がずいぶんと暗くなり、プラス側の調整で青が明るくなるのが確認できます。
この機能も、マスクなどを使わずに特定の色だけを明るくしたり暗くしたりできる便利な機能です。
なお、色の仕組みとして輝度を上げると彩度が低下し、輝度を下げると彩度が上がります。両者をバランスよく調整することも重要です。

### ● [HSL]の[すべて]とは

[HSL]の[すべて]は、[色相][彩度][輝度]が一度に表示される調整画面です。調整できる内容は、個別の[色相][彩度][輝度]と同じです。好みで使い分けてください。

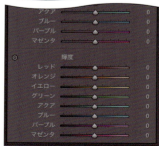

[すべて]では[色相][彩度][輝度]のすべてのパラメーターが表示される

CHAPTER 4

# 28
## カラー
▶ 特定の色の色相、彩度、輝度を調整する

[カラー]は、機能的には[HSL]と同等です。[HSL]が[色相][彩度][輝度]を先に選び、次に色を選ぶのに対し、[カラー]は先に色を選んでから、[色相][彩度][輝度]の調整を行います。8つの色ごとに調整するか、8色すべてを表示するかを選べます。

調整値 −100 ▲ +100

オリジナル

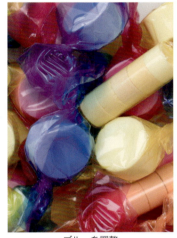

ブルーを調整
（色相：＋90、彩度：＋70、輝度：＋15）

### ▶ 色を選んでから、色相、彩度、輝度を調整

[カラー]は、[HSL]と使い方が異なるだけで、できることは同じです。[HSL]では、[色相][彩度][輝度]のいずれかを選んでから、調整する色のスライダーを操作します。一方、この[カラー]では、先に色（カラーチップ）を選んでから、[色相][彩度][輝度]を操作します。そのため、青や赤など調整したい特定の色があり、それを集中的に調整するのにこの[カラー]は向いています。

いずれかのカラーチップを選ぶと、[色相][彩度][輝度]のスライダーが表示され、調整可能になります。通常は1色しか調整できませんが、Windowsはctrlキー、Macはcommandキーを押しながら他のカラーチップをクリックすることで複数の色のスライダーを同時に表示することができます。

また、[すべて]を選ぶと、8色分のスライダーが一度に表示されます。

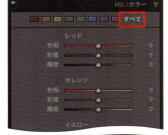

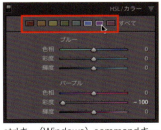

ctrlキー（Windows）、commandキー（Mac）を押しながらカラーチップをクリックすると、複数の色を同時に表示できる

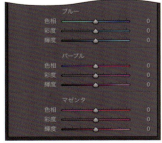

[すべて]をクリックすると、8色分のスライダーがすべて表示される

103

## 29 B&W ▶▶▶ 白黒ミックス
### ▶ カラー画像をモノクロ化してコントラストを調整する

[基本補正]パネルの[色表現]で[白黒]を選ぶと画像はモノクロになり、[HSL／カラー]パネルが[B&W]パネルに変わります。[基本補正]パネルの[クリエイティブプロファイル]でリストから好みのトーンを選んだり、[B&W]パネルを利用したりする柔軟なモノクロ表現が可能です。

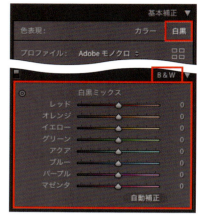

オリジナル

モノクロ変換直後
（自動補正）

[写真内をドラッグして白黒ミックスを調整]で元の青い部分を暗くした

[写真内をドラッグして白黒ミックスを調整]で元の青い部分を明るくした

### ▶ モノクロ変換とコントラスト調整

画像をモノクロにするには、まず[基本補正]パネルで[白黒]を選びます。モノクロ変換後の調整は、[基本補正]パネルの[プロファイルブラウザー]でモノクロ仕上げのバリエーションを選んだり、モノクロ化すると現れる[B&W]パネルを利用したりします。より自由度と表現力の高いモノクロ化を行うのであれば、[B&W]パネルを使いましょう。カラー画像をモノクロ化する場合、赤や青といった元の色をどの程度のモノクロの濃度にするかでコントラストを調整します。それを実現するのが[B&W]です。パネルに並ぶ色名のスライダーをマイナス調整すると暗くなり、プラス調整で明るくなります。
また、[写真内をドラッグして白黒ミックスを調整]機能を使うと、よりフレキシブルなコントラスト調整が可能になります。

[プロファイルブラウザー]でモノクロの仕上げを選ぶことができる

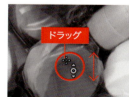

[写真内をドラッグして白黒ミックスを調整]を選んだら、画像の明るくしたい部分で上方に、暗くしたい部分で下方にドラッグする

## 30 明暗別色補正 ▶▶▶ 色相
▶ ハイライトやシャドウの色味を調整する

[明暗別色補正]は、名前の通り、ハイライト側の階調とシャドウ側の階調の色補正を行います。そのうち[色相]は、色味の調整を行います。調整値は0から360です。作例では暗めのブルーの空をより青くしたり紫色にしたりしています。

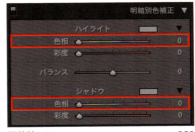

調整値 0 ——————— 360

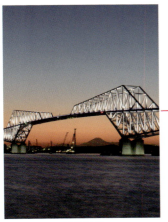
オリジナル

ハイライトの彩度を50に固定し、
色相を調整（色相：240、彩度：50）

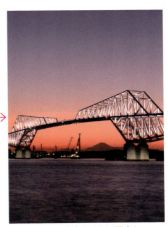
ハイライトの彩度を50に固定し、
色相を調整（色相：340、彩度：50）

### ▶ ハイライトとシャドウに分けて色調整

[明暗別色補正]は、ハイライト階調とシャドウ階調に対し、それぞれに別の色補正が行えます。
調整するには、[ハイライト]と[シャドウ]のそれぞれにある[色相]と[彩度]のパラメーターを操作します。また、P.107で取り上げますが、ハイライトとシャドウ、どちらの階調の色補正を優先するかを[バランス]で調整することができます。
ここではまず[色相]を見ていきます。[色相]は青とか赤といった色味のことで、作例のように青い空を別の色に変えることもできます。調整できる値の範囲は0から360ですが、これは色相環（右図参照）をイメージするとわかりやすいでしょう。調整時の注意点としては[色相]だけでは効果は得られず、必ず[彩度]を0より大きな数値にする必要があります。

### ▶ カラーパレットで色相と彩度を同時に調整

[色相]の調整はスライダーで行う他に、[ハイライト]や[シャドウ]という文字が表示されている右横のカラーチップも利用できます。カラーチップをクリックするとカラーパレットが表示されるので、そこで好みの色をクリックすると[色相]と[彩度]を同時に指定できます。その際、左右方向が[色相]の違い、上下方向が[彩度]の違いとなっています。

[色相]の数値はこのような色相環をイメージするとわかりやすい

カラーパレットでは[色相]と[彩度]を
同時に指定できる

## 31 明暗別色補正 ▶▶▶ 彩度

▶ ハイライトやシャドウに対して指定した色の濃さを調整する

[明暗別色補正]の[彩度]は、ハイライト階調、シャドウ階調のそれぞれの[色相]で指定した色の濃さ（彩度）を調整します。調整値は0から100で値が大きいほど色は濃くなります。また、0とした場合、色補正は行われません。

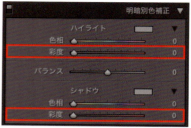

オリジナル

ハイライトの色相を350に固定し、彩度を調整（色相：350、彩度：40）

ハイライトの色相を350に固定し、彩度を調整（色相：350、彩度：80）

### ▶ 色相で指定した色の濃さを調整する[彩度]

[明暗別色補正]は、ハイライト側の階調、シャドウ側の階調、それぞれの色補正が可能ですが、この[彩度]は、[色相]で指定した色の濃さを調整します。[彩度]の調整できる値の範囲は0から100で、値が大きいほど色は濃く（彩度が高く）なります。また、調整値を0にすると、色補正されません。[明暗別色補正]を利用する場合は、必ず[ハイライト]、または[シャドウ]の[彩度]を1以上にする必要があります。
上の作例は、[ハイライト]の[色相]をマゼンタ調にした上で、[彩度]を変化させたものです。色の濃さが異なるのがわかります。
右の作例は参考までに[ハイライト]と[シャドウ]の両方を調整したものです。この場合、明るい空はマゼンタを、暗い海はブルーを強調しています。

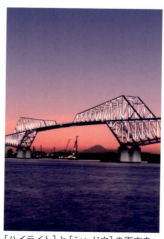
[ハイライト]と[シャドウ]の両方を調整した例
ハイライトの色相：350、彩度：50
シャドウの色相　：240、彩度：50

## 32 明暗別色補正 ▶▶▶ バランス

▶ ハイライトとシャドウの双方に行った補正の優先度を調整する

［明暗別色補正］の［バランス］は、［ハイライト］と［シャドウ］の色補正の優先度を調整します。［ハイライト］または［シャドウ］の補正を全体に強めたい、弱めたいといった場合に、［バランス］で調整できます。調整値は−100から＋100で、初期値は0です。

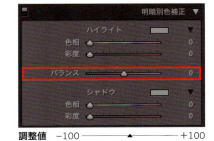

ハイライトの色相　：350、彩度：50
シャドウの色相　　：240、彩度：50
バランス　　　　　：−100

ハイライトの色相　：350、彩度：50
シャドウの色相　　：240、彩度：50
バランス　　　　　：0

ハイライトの色相　：350、彩度：50
シャドウの色相　　：240、彩度：50
バランス　　　　　：＋100

### ▶ ハイライト−シャドウの補正の優先度を調整

［明暗別色補正］の［ハイライト］や［シャドウ］で色補正を行ったあと、［バランス］を操作すると［ハイライト］の補正が強調されたり、［シャドウ］の補正が強調されたりと、色補正が変化するのが確認できます。
［バランス］は、［ハイライト］と［シャドウ］の階調の分岐点を変化させます。マイナス側に調整すると［シャドウ］の補正対象となる階調の範囲がハイライト側に広がります。［シャドウ］の色補正がより多くの階調におよぶため、［シャドウ］の色補正が強調されます。逆にプラス側の調整では［ハイライト］で補正される階調の範囲が［シャドウ］側に広がり、結果として［ハイライト］の補正の影響が強くなります。なお、［ハイライト］か［シャドウ］の一方だけを操作した場合でも［バランス］は利用可能です。

### ▶ モノクロ化した場合の調色に利用する

［基本補正］パネルの［白黒］ボタンでカラー画像をモノクロ化した場合の調色処理にも［明暗別色補正］を利用することができます。［ハイライト］と［シャドウ］を別個に色を調整すれば、2色に変化するモノトーン調になります。［ハイライト］か［シャドウ］いずれか一方の調整では単色になり、その際は［バランス］で色濃度の調整が可能です。

モノクロ画像を調色した例。［ハイライト］をセピア系に［シャドウ］をブルー系に調整したことで、空はセピアに、海はブルーになった

107

## 33 ディテール ▶▶▶ シャープ：適用量
▶ 画像をシャープにする強さを調整する

被写体の輪郭をクッキリ見せるためのパラメーターのセットが［シャープ］で、［適用量］はその強さを調整します。調整値は0から＋150で、初期値は40です。値を大きくするほど、輪郭のクッキリした印象が強まります。

適用量：0
（その他のパラメーターは初期値のまま）

適用量：40（初期値）
（その他のパラメーターは初期値のまま）

適用量：150
（その他のパラメーターは初期値のまま）

### ▶ シャープの強さを調整する

［ディテール］にある［シャープ］の［適用量］は輪郭をクッキリ見せるシャープの強さそのものを調整します。調整できる値の範囲は0から＋150で、初期値は40です。値を大きくするにつれ、シャープの効果が強まり、被写体の輪郭がクッキリとしてきます。0にするとシャープ効果が弱まり、少々ぼんやりとした印象になります。

きちんとピントが合っており、ブレのない写真であれば、初期値の40を目安にしながら、被写体や仕上がりのイメージに合わせて調整します。調整する際には、画像の表示倍率を100％以上にし、細部の変化を確認しながら調整しましょう。実際には［適用量］だけでなく、［シャープ］のその他の［半径］［ディテール］［マスク］を併用しながら調整することが多くなります。

### ▶ シャープの強めすぎに注意

輪郭がクッキリすると、見ていて気持ちのよい写真になりますが、シャープを強めていくと次第にザラつきの目立つノイジーな画質になってきます。シャープは細部のコントラストを強調する処理のため、強めすぎると、どうしてもそのような弊害が出てきます。どの程度の調整をすればよいかは条件によりけりですが、例えばプリント作品を作る場合は、実際の作品としたいサイズと用紙でテストプリントして確認するのが一番です。

プリント作品を作る場合、サイズや用紙の面質（光沢紙、マット紙、和紙など）によってシャープのかかり方、見え方が異なるので、実際にプリントして確認するのが最良だ。左図は面質の違い。上から光沢紙、絹目調、マット紙で、滑らかさが異なるためシャープの見え方が異なってくる

## 34 ディテール ▶▶▶ シャープ：半径

● シャープの細かさを調整する

［シャープ］の［半径］は、シャープ処理がなされる範囲（細かさ）を調整します。調整値は0.5から3.0で、初期値は1.0です。値が小さいとシャープ効果は繊細に、値が大きいとシャープ効果は大まかになってきます。被写体や写真の状態に合わせて調整します。

半径：0.5
（適用量を100とし、その他のパラメーターは初期値のまま）

半径：1.0（初期値）
（適用量を100とし、その他のパラメーターは初期値のまま）

半径：3.0
（適用量を100とし、その他のパラメーターは初期値のまま）

### ● シャープの細かさを調整する

シャープ処理というのは、実際にはピクセル間のコントラスト調整です。ピクセル間のコントラストが強まればシャープ効果はハッキリし、コントラストが弱まればシャープ効果も弱まります。そのシャープの処理の範囲を指定するのが［半径］です。調整できる値の範囲は0.5から3.0ですが、値が小さいとシャープ処理がなされる範囲は小さくなり繊細な効果が得られます。逆に値が大きいと、処理がなされる範囲が広がり、太い線はハッキリしますが、細い線は逆にぼんやりすることがあります。上の例では［半径］の値の違いがわかるように［適用量］を＋100としています。
なお、［シャープ］と似た効果の［明瞭度］がありますが、［シャープ］が画像全体のシャープ処理を行うのに対し、［明瞭度］は中間調をメインにシャープやコントラストを調整し、写真をクリアにします。

### ●［半径］の使い方

［半径］は、被写体の細かさに応じて調整するとよいでしょう。たとえば、ディテールの細かな被写体が写っており、その繊細な描写を重視する場合は［半径］の値は0.5〜1.0程度の小さめの値が適しているでしょう。逆に、輪郭の線の太い被写体が写っているような場合は、初期値か少し大きめの値に調整してみましょう。調整する際にはもちろん［半径］だけで調整するのではなく、他の［適用量］［ディテール］［マスク］との併用で最適な結果を求めるようにしてください。
なお、多少のピンボケやブレた写真の場合、［半径］並びに［適用量］の値を大きめにし、強めのシャープ処理を施すことによって、ピンボケやブレを目立たなくすることもできます。

## 35 ディテール ▶▶▶ シャープ：ディテール

◉ 輪郭かテクスチャか、シャープの質を調整する

［シャープ］の［ディテール］は、調整値は0から100で、初期値は25です。［ディテール］の値を小さくするとテクスチャ部への効果が弱まり、値を大きくするとテクスチャ部への効果が強まります。

ディテール：0
（適用量を50とし、その他の
パラメーターは初期値のまま）

ディテール：25（初期値）
（適用量を50とし、その他の
パラメーターは初期値のまま）

ディテール：100
（適用量を50とし、その他の
パラメーターは初期値のまま）

### ◉ より細部のシャープを調整する

［シャープ］の［ディテール］の調整できる値の範囲は0から100で、初期値は25です。［ディテール］の値を小さくすると、テクスチャ部へのシャープ効果が弱まります。逆に値を大きくすると、テクスチャ部の細かな輪郭が鮮明になってきます。ただし、値を大きくするにつれ、画質がノイジーになるというデメリットも生じます。その点に注意しながら、細かな被写体の質感をきちんと見せたいという場合は、ノイジーになる手前まで［ディテール］の値を大きめに調整するとよいでしょう。

### ◉ ［ディテール］の使い方

上の写真のような場合、［ディテール］の値を大きくすると、建物の壁の質感などが強調されますが、同時に青空にも処理がかかるため青空がノイジーになります。画像の一部分だけでなく、他の部分の変化も見ながら［ディテール］そして［適用量］など、他のパラメーターを併せて調整するようにしてください。
下の作例は繊維を拡大したものです。［ディテール］の値を変化させると、繊維の見え方も変わります。この場合、値を30程度にすると、繊維の1本1本が際だって見えるようになりました。

ディテール：0

ディテール：30

CHAPTER 4

## 36 ディテール ▶▶▶ シャープ：マスク
### ▶ シャープ処理をする範囲を調整する

［シャープ］の［マスク］では、作例の建物など輪郭のある部分はシャープにし、輪郭のない空の部分などはシャープを弱めるといったことができます。輪郭の有無を判断し、シャープ処理の範囲を調整することができる機能です。

調整値 0 ———▲——— 100

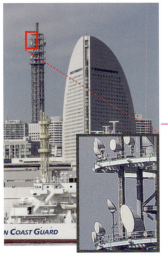

マスク：0（初期値）
（適用量：100、半径：1.3、
ディテール：50）

マスク：50
（適用量：100、半径：1.3、
ディテール：50）

マスク：100
（適用量：100、半径：1.3、
ディテール：50）

### ▶ シャープのかかる範囲を調整する

シャープ処理をする場合、その効果を期待するのは輪郭のある部分です。逆に青空や工業製品のツルッと磨かれた部分、つまり輪郭がない部分にシャープがかかるとザラついて汚く見えてしまいます。輪郭のない部分にはシャープ処理の必要はありません。そのような、画面一律にシャープ処理を施したくない場合に利用価値が高いのが［マスク］です。調整できる値の範囲は0〜100で、初期値は0です。値が0だと全面にシャープがかかりますが、値を上げていくと、輪郭が鮮明な部分のシャープ効果は残りますが、そうでない部分のシャープ効果が弱まります。［マスク］は、他のパラメーターを調整した結果、輪郭のない部分にザラつきが生じた場合などに使用してください。

### ▶ マスクの状態を明示する

［マスク］の変化は微妙なこともあり、調整が難しいと思います。その場合は、シャープ効果がかかる範囲とかからない範囲を可視化させながら調整しましょう。altキー（Macはoptionキー）を押しながら［マスク］のスライダーを調整すると、画面が一時的に白黒になります。白はシャープ処理がなされる範囲、黒はシャープがマスクされる範囲です。スライダーの動きに合わせて白黒の範囲が変化します。シャープをかけたくない範囲が白になるように「マスク」を調整してください。

可視化されたマスクの状態。白い部分はシャープがかかり、黒い部分にはシャープがかからない

## 37 ディテール ▶▶▶ ノイズ軽減：輝度

▶ 輝度ノイズを軽減する

［ノイズ軽減］の［輝度］は、高ISO感度で撮影したときなどに生じる画像のザラつきを軽減します。調整値は0から100で、初期値は0です。値を大きくするにつれザラつきは軽減されますが、その反面、画像がねむくなる傾向があります。

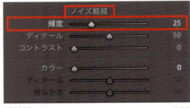

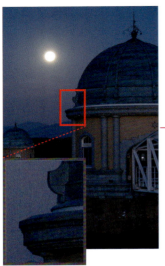
輝度：0（初期値）

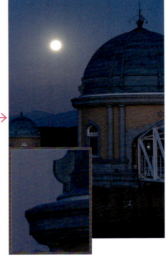
輝度：50

輝度：100

### ▶ 高ISO感度撮影時のザラつきを軽減する

カメラ側の設定でISO感度を高く設定すると、写した画像にザラつきが生じやすくなります。そのザラつきは一般に「輝度ノイズ」と呼ばれ、ISO感度が高いほどザラつきが強くなります。この［輝度］は輝度ノイズを軽減します。調整できる値の範囲は0～100で、初期値は0です。値を大きくするにつれ、ザラつきを抑える効果が強まります。

［輝度］を利用する際に気を付けたいのが、効果を強めるほど画質がねむくなるということです。ザラつきを抑えるため、そのトレードオフとして解像感が低下するためです。

解像感よりもツルリとしたノイズのない画質を求めるか、それとも解像感を求めるか、写真の内容や求めるイメージに合わせ、その他の［ディテール］や［コントラスト］とともに調整を行いましょう。

### ▶ シャドウ部の隠れたノイズにも気を付ける

一見してノイズが目立たない場所でも、画像調整によってノイズが顕在化するケースがあります。それがシャドウ部です。画像の暗い部分を明るくしようと［露光量］や［シャドウ］で明るくすると、その暗い部分に隠れていた輝度ノイズが目立ってくることがあります。そのような隠れた輝度ノイズに対しても［輝度］は有効です。

取水塔下部のレンガ部分。明るく補正することでノイズがより目立ってくる。左は［輝度］の調整前、右は［輝度］を50としたもの

## 38 ディテール ▶▶▶ ノイズ軽減：ディテール（輝度）

▶ ［輝度］でねむくなった細部をクッキリとさせる

［ノイズ軽減］の［輝度］にある［ディテール］は、［輝度］の調整によってねむくなってしまった細部をクッキリとさせる効果があります。調整値は0から100で、初期値は0です。［輝度］が0のときは利用できず、［輝度］を1以上にすると利用可能になります。

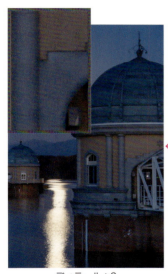

ディテール：0
（輝度：70）

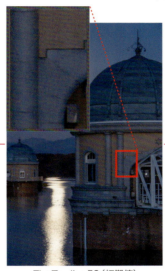

ディテール：50（初期値）
（輝度：70）

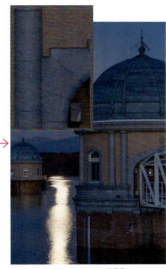

ディテール：100
（輝度：70）

### ▶ ［輝度］調整時のねむさをリカバリーする

［輝度］の効果は、ザラついたノイジーな画像を滑らかにするというものです。その反面、効果を強めるほどディテールが失われ、解像感が低下します。そのデメリットを補うのが［ディテール］です。
［ディテール］は、［輝度］の値が0のときは利用できませんが、［輝度］の値を1以上にすると利用可能になります。初期値は50で、0から100の間で調整可能です。［ディテール］の値は小さいと、解像感は低く、値を大きくすると解像感が高まっていきます。［ディテール］は、低下した解像感をリカバリーできるのですが、その分［輝度］の効果が弱まるという面もあります。そのため、［輝度］［ディテール］そして［コントラスト］の3つのパラメーターを上手に組み合わせて調整することが重要になってきます。

### ▶ 滑らかさ重視か、解像感重視か

滑らかさと解像感は、ノイズ軽減処理を行う際の悩ましい問題です。下の作例は［ディテール］を0と100にしたものです。やや極端な例ですが、このように振り幅が比較的大きいので、滑らかさと解像感のバランスを取るのに有効なパラメーターといえます。

［ディテール］を左の画像は0とし、右の画像は100としたもの。［ディテール］は滑らかさと解像感のバランス調整に適している

## 39 ディテール ▶▶▶ ノイズ軽減：コントラスト
▶ メリハリ感を調整してねむさを回復する

[ノイズ軽減]の[輝度]にある[コントラスト]は、細部のコントラストを調整します。ねむくなってしまった画像のメリハリ感を出し、画像の印象をハッキリとさせます。調整値は0から100で、初期値は0です。[輝度]を1以上に調整した際に利用可能になります。

調整値 0 ————————————— 100

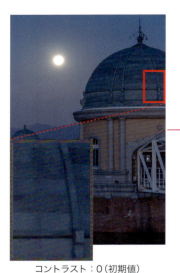
コントラスト：0（初期値）
（輝度：70）

コントラスト：50
（輝度：70）

コントラスト：100
（輝度：70）

### ▶[輝度]調整時のねむさをリカバリーする

[ノイズ軽減]の[輝度]にある[コントラスト]は、細部のコントラストを調整します。[輝度]の調整によってねむくなった画像のメリハリ感を強調することで、ディテールをハッキリ見せる効果があります。[輝度]の調整値が0の時は利用できませんが、調整値を1以上にすると[コントラスト]が利用可能になります。
[コントラスト]の調整できる値の範囲は0から100で、初期値は0です。値を大きくするほど、メリハリ感が強調され、ディテールの再現性が高まります。[コントラスト]は調整値を大きくしたからといってザラつきが目立つなど、画質が低下するというものではありません。右に示すように、トーンがフラット気味な被写体に対しても有効です。

### ▶トーンがフラットな部分を見やすくする

作例写真の森の部分を拡大したのが下の図です。[輝度]を調整したことでメリハリ感に基づく立体感が低下しましたが、[コントラスト]を調整することで立体感をある程度回復することが可能です。

[コントラスト]の調整値は左が0、右が100。[コントラスト]を調整することで立体感やメリハリ感を回復することができる

# 40

CHAPTER 4

ディテール ▶▶▶ ノイズ軽減：カラー

▶ 色ノイズを軽減する

［ノイズ軽減］の［カラー］は、高ISO感度に設定した際に発生しやすい「色ノイズ」を軽減します。調整値は0から100で、初期値は25です。初めからある程度のノイズ軽減がなされています。値が大きいほど色ノイズを軽減する効果が強まります。

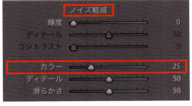

調整値 0 ──────▲────── 100

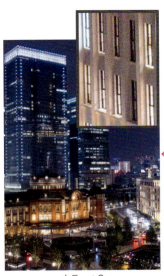
カラー：0

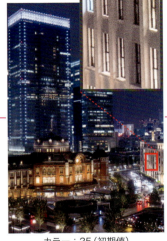
カラー：25（初期値）

カラー：100

## ▶ 色ノイズを軽減する

デジタルカメラで撮られた画像にまつわる代表的なノイズとして「輝度ノイズ」と「色ノイズ」がありますが、［ノイズ軽減］の［カラー］は「色ノイズ」を軽減します。色ノイズは、青や黄色など本来被写体にはないはずの色の斑点がまだらに発生するものです。特にカメラのISO感度を高く設定した場合に発生しやすくなります。

［カラー］の調整できる値の範囲は0から100ですが、初期値は25となっており、初めからある程度、色ノイズが軽減されるようになっています。そのためLightroomを使う限りは、色ノイズに気付かないケースもあります。ただ、やはり超高感度で撮影すると初期値では色ノイズをカバーしきれないこともあります。その際は［カラー］の値を大きくするなど調整をし直してください。

## ▶ 小さな色付きの電灯が無色になることも

［カラー］は色ノイズ、つまり「小さな色付きの斑点」を無色にするという効果があります。色ノイズを軽減するためには必要な処理ですが、調整する値によっては、写真に写り込んでいる小さな色付きの電灯も無色になることがあります。調整する場合は色ノイズだけでなくそのような色付き部分にも注意する必要があります。

ビルの頂上にある赤色灯。左は［カラー］が0、右が100。［カラー］の値を大きくしすぎるとこのような赤色灯まで無色化されることがあるので注意が必要だ

## 41 ディテール ▶▶▶ ノイズ軽減：ディテール（カラー）

▶ ［カラー］によって失われた色を回復する

［ノイズ軽減］の［カラー］の［ディテール］は、［カラー］によって失われた細部の色を回復する機能があります。調整値は0から100で、初期値は50です。値が大きいほど色が強まり、値が小さいほど色が薄くなります。［カラー］の値が1以上の時に有効になります。

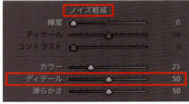

ディテール：0

ディテール：50（初期値）

ディテール：100

### ▶ 失われた色を回復する

色ノイズを軽減するのに［カラー］は有効ですが、その反面、値を強めると色付きの光源（人工光源や星など）の色も失われる傾向があります。そのような弊害を防ぐことができるのが［ディテール］です。調整できる値の範囲は0から100で、初期値は50ですが、［カラー］の値が1以上の時に有効になります。
［ディテール］は、値を小さくすると色が薄まり、値を大きくすると色が強調されます。初めに［カラー］で全体的な色ノイズ軽減の調整を行ったのち、色付きの光源に着目し、色が失われているようであれば［ディテール］の値を大きくして色を回復するといった使い方をします。
ただ、場合によっては［色ノイズ］が目立ってくることもあるので、［カラー］の調整値との兼ね合いが必要です（右図）。
［ディテール］は、［カラー］で失われた色を回復すると説明しましたが、厳密には［カラー］の効果がか

かる境界（しきい値）を調整しています。このことは［輝度］の［ディテール］も同様です。

左は［カラー］で輝度ノイズを抑えたもの。右はその上で［ディテール］の値を大きくしたもの。［ディテール］の値を上げたことで、［カラー］によって軽減された輝度ノイズが目立ってしまった例。バランスよく［カラー］と［ディテール］を調整しよう

## 42 ディテール ▶▶▶ ノイズ軽減：滑らかさ

▶ 斑点状の色ノイズを軽減する

フラットなテクスチャで目立つまだら状の色ノイズを軽減します。調整値は0から100で、初期値は50です。値を大きくするほど効果は強くなります。［カラー］の値が1以上の時に利用可能となります。

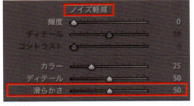

滑らかさ：0

滑らかさ：50（初期値）

滑らかさ：100

### ▶ まだら状の色ノイズを軽減する

［カラー］は主にピクセルに主眼を置いた色ノイズの軽減に有効ですが、この［滑らかさ］は、比較的フラットなテクスチャ部分で目立つまだら状の色ノイズの軽減に有効です。まだら状の色ノイズですが、カメラの機種や設定、被写体の状態によって、出たり出なかったりします。比較的最近のカメラはノイズ処理がうまく、色ノイズそのものがあまり目立たないことも多いようです。

まだら状の色ノイズが目立つ場合にこの［滑らかさ］を利用します。［滑らかさ］の調整できる値の範囲は0から100で、初期値は50です。ただし［カラー］の値を1以上にしたときに［滑らかさ］は利用可能になります。値を大きくするほど、まだら状の色ノイズの軽減効果は強まります。

### ▶ 最終形態を意識して調整する

ノイズ軽減の処理を行う際は、画像を100％かそれ以上に拡大して調整することをお勧めします。ただし、最終的な仕上げの大きさによって、処理が過剰に見える場合や逆に不足して見える場合があります。モニター鑑賞用として画像の長辺が500〜800px程度であれば、オリジナル画像を100％で見てノイズが多めに感じられたとしても、小さくリサイズすることでノイズはかなり目立たなくなります。また、特にプリント作品を作る場合、モニターとプリントでのノイズの見え方が異なる場合が多々あります。プリントの場合、サイズにもよりますが、やはり、モニターで見るよりもノイズは目立たなくなる傾向があります。また［輝度］を強めにすると解像感が低下します。実際に鑑賞サイズでテストプリントをして調整を追い込む必要があります。

## 43 レンズ補正 ▶▶▶ プロファイル：色収差を除去
▶ 色のにじみを軽減する

「色収差」とは、レンズの光学的な特性のひとつです。この場合の色収差は、特に画像の周辺部に生じ、被写体の輪郭部で目立つ色のにじみのことです。［レンズ補正］の［色収差を除去］はそのにじみを除去、または軽減をします。

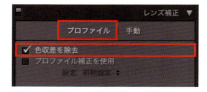

オリジナル画像の全体

［色収差を除去］のチェック前

［色収差を除去］のチェック後

### ▶ 画像周辺部の色にじみの除去・軽減

［レンズ］補正の［色収差を除去］は、レンズ由来の色のにじみを除去、軽減します。「色収差」には、大きく2つの種類があり、特に画像の周辺部で目立つ「倍率色収差」と、周辺に限らず生じる「軸上色収差」があります。Lightroomの［色収差を除去］は、特に前者の「倍率色収差」の現象を除去・軽減します。
色収差は、どのレンズ、あるいはどのような撮影条件でも色収差が出るというわけではなく、出やすいレンズ、状況というのがあります。
画像を縮小表示している場合だと、色収差は気が付きにくいのですが、拡大表示すると目立ってきます。画像を大きくプリントする場合などは、色収差が目立ってくるので、この［色収差を除去］で除去、軽減しておくとよいでしょう。

### ▶ 内蔵のレンズプロファイル

［内蔵のレンズプロファイル］という項目がありますが、これはRAWに内蔵された情報を元に、色収差やゆがみを自動的に補正する機能です。マイクロフォーサーズや富士フイルムのXシリーズ、ライカQなどに対応しています。❶をクリックすると何が補正されているかがわかります。

自動的にレンズ補正がなされていれば、［内蔵のレンズプロファイルを適用しました。］という表示が出る

❶ボタンをクリックすると、カメラとレンズの種類および補正内容が表示される

# 44

## レンズ補正 ▶▶▶ プロファイル：プロファイル補正を使用
### ▶レンズ固有のゆがみと周辺光量低下を補正する

レンズには固有の光学的な特性があります。このパラメーターはそのレンズ情報を元にゆがみと周辺光量の低下を補正します。操作は［プロファイル補正を使用］にチェックを入れるだけです。必要に応じて［ゆがみ］と［周辺光量補正］の再調整も可能です。

オリジナル

［プロファイル補正を使用］に
チェックを入れたもの

### ▶レンズ情報が用意されている場合に有効

Lightroomにレンズ情報（レンズプロファイル）が用意されている場合に限り、［プロファイル補正を使用］は利用可能です。チェックを入れるだけでゆがみと周辺光量が自動的に補正されます。上の作例では、樽型のゆがみや暗い周辺部の明るさが補正されているのがわかります。補正が不足している、あるいは過剰だという場合は、［補正量］欄の［ゆがみ］や［周辺光量補正］のパラメーターを使って加減することができます。

［プロファイル補正を使用］にチェックを入れるとレンズプロファイルが明らかになる。必要に応じて［ゆがみ］や［周辺光量補正］で補正を加減できる

### ▶カスタム設定を［初期設定］にする

［ゆがみ］や［周辺光量補正］を調整し直した場合、その設定値をプロファイル補正の初期値にすることができます。すると、それ以降、補正された値が［プロファイル補正を使用］によって適用されます。

調整し直した値を初期値にするには［設定］のメニューから［レンズプロファイルの新規初期設定を保存］を選べばよい

## 45 レンズ補正 ▶▶▶ 手動：ゆがみ
▶ 樽型や糸巻き型のゆがみを補正する

［ゆがみ］は、画像を樽型、あるいは糸巻き型に変形します。用途としては、そのようなゆがみが発生した画像に対し、逆の変形処理をすることで、ゆがみを補正します。調整値は－100から＋100で、初期値は0です。

ゆがみ：－100

ゆがみ：0（初期値）

ゆがみ：＋100

### ▶ 樽型、糸巻き型への補正や変形

［ゆがみ］は画像をふくらませたり、凹ませたりする変形を行います。カメラのレンズや撮り方によっては、画像がふくらんで見えたり、凹んで見えたりすることがあります。前者を「樽型」のゆがみ、後者を「糸巻き型」のゆがみといいますが、そのようなゆがみに対しては、この［ゆがみ］で補正することができます。ちなみに樽型や糸巻き型のゆがみは「歪曲収差」と呼ばれます。

［ゆがみ］の調整できる値の範囲は－100から＋100で、初期値は0です。マイナス側の調整で画像は樽型に変形し、プラス側の調整で画像は糸巻き型に変形します。

［ゆがみ］によって余白が生じる場合は、［切り抜きを制限］にチェックを入れると、余白が出ないように自動的に切り抜き処理を行います。

### ▶ グリッドを参考にゆがみを補正

［ゆがみ］を使った補正では、建物などの柱や壁の線が真っ直ぐになるように調整をすることになります。線がどれだけ真っ直ぐかを判断するのが難しいこともありますが、その際は「グリッド」を表示します。［グリッドを表示］で、［自動］または［常に表示］を選ぶとグリッド線が表示されるので、その線をガイドとして建物の線が真っ直ぐになるように調整します。

グリッド線を表示すると［ゆがみ］補正のガイドになる

## 46 レンズ補正 ▶▶▶ 手動：フリンジ削除
▶ 紫や緑の色にじみを軽減する

［フリンジ削除］は主に紫や緑の色にじみを軽減します。［プロファイル］パネルにある［色収差を除去］は「ブルー－イエロー」「レッド－グリーン」に対して効果がありますが、それでは軽減できない色にじみに対して［フリンジ削除］は有効です。

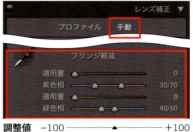

オリジナル

［フリンジ削除］の適用前

［フリンジ削除］の適用後

### ▶ 紫や緑の色にじみを軽減する

［フリンジ削除］は、紫や緑の色にじみの軽減に有効です。［色収差を除去］は特に、「ブルー－イエロー」「レッド－グリーン」という関係にある色にじみ（倍率色収差）に対して効果的ですが、それに該当しない色にじみが発生することがあります。たとえば「軸上色収差」やデジタルカメラ特有のパープルフリンジなどです。これらは画像の全面で生じる可能性があります。［色収差を除去］をチェックしても紫や緑の色にじみが残る場合は、この［フリンジ削除］を試してみましょう。使い方ですが、まずは画像を100％以上に拡大してから、スポイト型の［フリンジカラーセレクター］を選んで色にじみ部分をクリックします。通常は、この操作だけで色にじみが軽減されます。

### ▶ 必要に応じてパラメーターによる微調整も

色にじみ部分を［フリンジカラーセレクター］でクリックしてもまだ色にじみが残るような場合は、パラメーター操作を行います。［紫色相］や［緑色相］で軽減したい色の範囲を指定し、それぞれの［適用量］で効果の強さを調整します。

画像を拡大し、［フリンジカラーセレクター］で色にじみ部分をクリックすると色にじみが軽減する

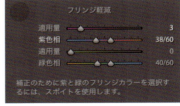
必要に応じて、［紫色相］や［緑色相］で軽減したい色の範囲を指定し［適用量］で効果の強さを調整する

## 47 レンズ補正 ▶▶▶ 手動：周辺光量補正：適用量

▶ 画像の周辺部の明るさを調整する

撮影機材や撮影条件によっては画像の周辺部が暗く落ち込むことがあります。「周辺光量の低下」という現象ですが、［周辺光量補正］で周辺部の明るさの落ち込みを補正できます。［適用量］はその効果の強さを調整します。

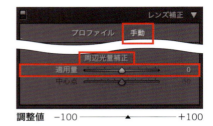

調整値　−100 ――――▲―――― ＋100

適用量：−100

適用量：0（初期値）

適用量：＋100

### ▶ 周辺部の明るさを調整する

カメラのレンズや撮影条件によっては、画像の周辺部が暗く落ち込むことがあります。特に明るいレンズを使ったり、レンズの絞りを開放気味で撮ったりした場合に起こりやすい現象です。レンズの個性としてその現象を味わうことも写真の楽しみ方のひとつですが、写真全面の明るさを均一にしてきっちりと見せたい写真もあります。その場合は、［周辺光量補正］を利用します。その補正の効果の強さを調整するのが［適用量］です。

［適用量］の調整できる値の範囲は−100から＋100で、初期値は0です。マイナス側の調整で周辺部は暗く、プラス側の調整で周辺部は明るくなります。

なお、［プロファイル］にある［プロファイル補正を使用］が利用できれば、その時点で自動的に周辺光量補正がなされます。この［手動］にある［適用量］は［プロファイル補正を使用］が使えない、あるいはあえて使わない場合などに利用することになります。

### ▶ 実際の補正例

上に挙げた画像はパラメーターの効果がわかりやすいように値を最小／最大にしたものです。実際には、画像の様子を見ながら調整します。作例は、50mm、F1.4のレンズの開放絞りで撮ったものですが、［適用量］は＋60程度にすると画面全体が均一な明るさになりました。なお、実際には次ページで説明する［中心点］と併せて調整します。

画像全面が均一な明るさになるように調整したもの。この場合［適用量］の値は60程度となった

# 48 レンズ補正 ▶▶▶ 手動：周辺光量補正：中心点

▶ 周辺光量を補正する範囲を調整する

［周辺光量補正］の［中心点］は、周辺光量を補正する範囲を広げたり狭めたりというように、範囲を調整することができます。調整値は0から100で、初期値は50です。値を大きくするほど補正する範囲が周辺部に限定されます。

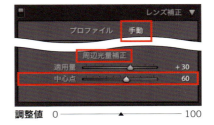

中心点：0

中心点：50（初期値）

中心点：100

### ▶ 周辺部から中心にかけての補正範囲を調整する

レンズに由来する周辺光量の低下というのは、レンズの種類や絞り値などによって、明るさの落ち込み具合や範囲が変化します。落ち込み具合は［適用量］で調整しますが、範囲は［中心点］で調整します。
［中心点］の調整できる値の範囲は0から100で、初期値は50です。値を小さくするほど画像の周辺部から中心まで広い範囲で補正がなされます。逆に値を大きくするほど補正される範囲は周辺部に限定されます。
なお、この［中心点］ですが、単独で使うということはなく、［適用量］の値が初期値の0以外に調整した場合に利用できるようになります。

### ▶ 補正前と補正後を比較して落としどころを掴む

［周辺光量補正］を行っていると、どのあたりが落としどころなのか、わかりにくくなることもあります。そのような場合は［補正前と補正後］で表示しながら調整すると、変化の差が把握でき調整しやすくなります。

［補正前と補正後］で表示すると、どれくらい補正されているかがわかり、調整しやすくなる。向かって左が補正前、右が補正後

## 49 変形 ▶▶▶ Upright
▶ パースを自動補正する

建物を撮ると上すぼまりになったり、左右方向に遠近感が付いたりします。そのような遠近感をパースと呼びますが、［Upright］はそのパースを自動補正してくれる強力な機能です。上下方向や左右方向、自動など複数の種類があるので、いろいろ試してみるとよいでしょう。

オリジナル

自動（［切り抜きを制限］の
チェックなし）

自動（［切り抜きを制限］の
チェックあり）

### ▶ 簡単でしかも強力なパース補正機能

パースはその奥行き感が写真らしい表現といえます。ただ、場合によってはパースのない写真が好まれる場合もあります。例えば、建物が小さく見えてしまう上すぼまりのパースを修正したい場合などです。
その補正方法として、手動による変形機能がありますが、［Upright］はボタンをクリックするだけで簡単かつ強力に補正してくれる便利な機能です。［自動］［水平方向］［垂直方向］［フル］が用意されているので、補正したい向きに合わせてボタンをクリックします。
なお、ゆがみを抑えるために［レンズ補正］の［プロファイル補正を使用］などで前もって歪曲収差を補正しておくとよいでしょう。また、［Upright］を初期化するには［オフ］ボタンか、alt キー（Mac は option キー）を押すと現れる［初期化］ボタンをクリックします。ただ［Upright］をいろいろ試すと、切り抜かれた状態のまま元に戻らなくなることもあります。その際は、［ヒストリー］を使って元に戻してください。

### ▶ 手動で補正

［Upright］が有効に働かない場合は［ガイド付き］で補正できます。［ガイド付き］ボタンをクリックし、壁などに沿うように 2 カ所でガイド線を引くと、垂直または水平になるように変形してくれます。ガイド線は対で 2 本ずつ合計 4 本引くことができます。

［ガイド付き］を選び、建物に合わせてガイド線を引くとパースを補正してくれる

# 50 変形 ▶▶▶ 垂直方向
### ▶ 垂直方向のパースを調整する

［垂直方向］は垂直方向の遠近感＝パースを調整します。見上げたり、見下げたりすると遠い部分が小さく写りますが、それを補正することができます。調整値は－100から＋100で、初期値は0です。マイナス調整で見上げた場合、プラス調整で見下げた場合の補正ができます。

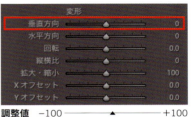

垂直方向：－40

垂直方向：0（初期値）

垂直方向：＋40

### ▶ 垂直方向のパース補正

建物などを見上げて撮影すると、建物の上部にいくにしたがって小さくなり、上すぼまりに写ります。逆に見下ろすと建物の下部が小さく、下すぼまりに写ります。そのような垂直方向の遠近感＝パースを補正するのが［垂直方向］です。

調整できる値の範囲は－100から＋100で、初期値は0です。マイナス側に調整すると上すぼまりのパースを補正することができ、プラス側に調整すると下すぼまりのパースを補正することができます。パースを補正すると建物が垂直に立って見えようになるため、全体像が把握しやすくなると同時に、眼前に迫ってくる印象が強まります。

なお、変形により余白が生じるので、余白分を自動的にカットするには［切り抜きを制限］にチェックを入れてください。前ページや次ページの作例では［切り抜きを制限］のチェックの有無も示しています。

### ▶ 上下に余裕のある写真

［垂直方向］で強めの調整を行うと、建物などの被写体が、画像サイズからはみ出してしまうことがあります。初めから［垂直方向］などで変形するのがわかっている場合は、建物の上部（あるいは下部）に十分な余裕を持たせて撮影するようにしましょう。

調整前（左）の時点でビルの上部に余裕がないため、［垂直方向］を調整するとすぐにビルが画像からはみ出してしまう

## 51 変形 ▶▶▶ 水平方向
▶ 水平方向のパースを調整する

［水平方向］は水平方向の遠近感＝パースを調整します。調整値は－100から＋100で、初期値は0です。マイナス側の調整で画像の左側が手前に向かってくるように変形され、プラス側の調整で画像の右側が手前に向かってくるように変形されます。

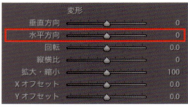

調整値　－100 ─────▲───── ＋100

水平方向：－20　　　水平方向：0（初期値）　　　水平方向：＋20

### ▶ 水平方向のパース補正

Lightroomの［変形］では［垂直方向］だけでなく［水平方向］というパラメーターも用意されており、水平方向（横方向）のパース補正も可能です。
［水平方向］の調整できる値の範囲は－100から＋100で、初期値は0です。マイナス側の調整で画像の左が手前に向かってくるように変形され、プラス側の調整で反対に画像の右側が手前に向かってくるように変形されます。
作例は建物の室内を撮ったものですが、もともとは左が奥、右が手前に見えるように写っています。それに対し［水平方向］をマイナス側に調整すると、正面から見たような印象に変えることができます。ここでは建物内部の写真を例にしましたが、ポートレート写真や動物写真などで顔の向きの印象を少し変えたいといった場合にも利用できるでしょう。

### ▶［切り抜きを制限］

［水平方向］を始め［変形］に属するパラメーターの多くは調整によって余白が生じてしまいます。それを回避するには［切り抜きを制限］にチェックを入れます。これは、余白が出た分だけ画像を拡大し、切り抜いてくれる機能です。

左は［切り抜きを制限］にチェックを入れずに調整したため余白が生じてしまった。右は［切り抜きを制限］にチェックを入れているため余白が生じていない

CHAPTER 4

## 52 変形 ▶▶▶ 回転
▶ 画像を左方向、右方向に回転する

［回転］は画像を左方向、または右方向に回転します。回転できる角度は左右方向ともに10度まで。初期値は0で、0.1度単位の調整が可能です。調整値の数値が角度を示します。マイナス側の調整で左回転、プラス側の調整で右回転となります。

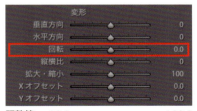

調整値 −10.0 ────▲──── ＋10.0

回転：−10.0

回転：0（初期値）

回転：＋10.0

### ▶ 水平・垂直にしたり、わざと傾けたりする

［回転］は、画像を左方向や右方向に回転させます。調整できる値の範囲は−10.0から＋10.0で、初期値は0です。この数値は実際の回転される角度となっています。マイナス側の調整で左側に、プラス側の調整で右側に回転されます。

地平線や水平線が写り込んでいる風景写真などは、傾いているとやや不安定な印象を与えることがありますが、そのような画像を真っ直ぐにすることができます。逆に、ポートレート写真やスナップ写真などは、少し傾けることで、動感や躍動感を感じさせる効果を与えることができます。

［回転］を行うと、回転した分だけ余白が生じます。必要な分だけ画像を拡大したり、［切り抜きを制限］をチェックしたりするなどして、余白の発生を防ぐことができます。

### ▶ グリッドを表示

グリッド線を利用すると、より正確に水平・垂直にすることができます。プレビュー画像下の［グリッドを表示］で［自動］または［常にオン］を選ぶと、グリッド線が表示されます。表示されない場合は、［ツールバーのコンテンツを選択］メニューで表示させます。

グリッド線を表示した状態

［ツールバーのコンテンツを選択］メニューから［グリッドオーバーレイ］を選ぶと、［グリッドを表示］が現れる

127

## 53 変形 ▶▶▶ 縦横比
▶ 画像の縦横比を調整する

［縦横比］は画像の縦と横の大きさの比率を調整します。調整値は－100から＋100で、初期値は0です。マイナス側の調整で画像は左右に大きくなり、プラス側の調整で画像は上下に大きくなります。

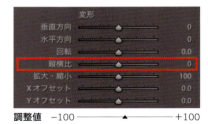

調整値　－100 ――――▲――――＋100

縦横比：－100

縦横比：0（初期値）

縦横比：＋100

### ▶ 画像の縦横の比率を調整する

［縦横比］は、画像を縦に大きくしたり、横に大きくしたりします。調整できる値の範囲は－100から＋100で、初期値は0です。マイナス側の調整で画像は左右（横方向）に大きくなり、プラス側の調整で画像は上下（縦方向）に大きくなります。縦方向か横方向に、画像を押しつぶすという変形方法のため、向きの違う方向側に余白ができます（縦方向に大きくした場合は横方向に余白が出る）。それを避けるには拡大するか、［切り抜きを制限］にチェックを入れてください。
この［縦横比］ですが、被写体のイメージに合わせて縦に伸ばしたり、横に太らせたりする以外に、［垂直方向］や［水平方向］で変形した場合に見られる、被写体の縦横比の違和感を軽減する際にも用いられま

す。下図はP.125の［垂直方向］の作例ですが、垂直にしただけだと建物が変形前より高く見えています。それを［縦横比］をマイナス調整し変形前と同じような高さにしたものです。

左は［垂直方向］で建物を垂直にしたもの。変形前より建物が高く見える。それに対し右は［縦横比］をマイナス調整した。高さが抑えられ、不自然さや違和感が解消される

# 54

## 変形 ▶▶▶ 拡大・縮小
▶ 画像を拡大したり、縮小したりする

［拡大・縮小］は、画像を大きくしたり、小さくしたりします。調整値は50から150で、初期値は100です。値を小さくすると画像は小さく、値を大きくすると画像は大きくなります。

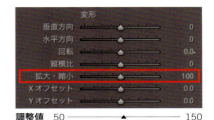

拡大・縮小：50　　　拡大・縮小：100（初期値）　　　拡大・縮小：150

### ▶ 画像を大きくしたり、小さくしたりする

［拡大・縮小］は、名前の通り、画像を大きくしたり、小さくしたりします。調整できる値の範囲は50から150で、初期値は100です。初期値の100より小さくすると画像が小さく、100より大きくすると画像は大きくなります。最小値の50にした場合、画像の大きさは、元の画像の半分になり、値を150とした場合は元の画像の1.5倍になります。
気を付けたいのは縮小した場合です。上の例のように元画像に比べ小さくなった分だけ余白が生まれます。Lightroomからプリントする場合や、画像データとして書き出した場合も、やはり余白が含まれたものになります。一方、拡大した場合、はみ出した分はカットされます。

### ▶ 切り抜き時の［拡大・縮小］について

［拡大・縮小］は元画像の中心を基準に拡大や縮小を行います。切り抜きを行った画像の中心が元画像とズレていると、［拡大・縮小］で位置がズレることに注意してください。ズレを直すには次ページのオフセット機能を使います。

元画像の右上部分を切り抜きした

切り抜き後の拡大や縮小では、元画像の中心を基準に縮小（左）、拡大（右）されるため、位置がズレてしまう

## 55 変形 ▸▸▸ Xオフセット、Yオフセット

▶ 横方向、縦方向に写真の位置をズラす

写真の位置を横（X）方向や縦（Y）方向にズラすのが［Xオフセット］［Yオフセット］です。両者とも調整値は－100から＋100で、初期値は0です。画像の位置調整や変形のために生じた余白を隠す場合に利用します。

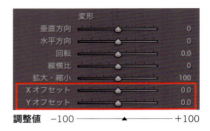

Xオフセット：－50

Xオフセット：0（初期値）

Xオフセット：＋50

### ▶ 画像の位置を横方向、縦方向にズラす

画像の位置を横（X）方向、あるいは縦（Y）方向にズラすのが、［Xオフセット］と［Yオフセット］です。それぞれ調整できる値の範囲は－100から＋100で、初期値は0です。マイナス調整で［Xオフセット］は画像が左に、［Yオフセット］は画像が下に移動します。プラス調整ではその逆に機能します。

画像の中心位置を調整したい場合に利用したり、［変形］の各種パラメーターを使った際に生じる余白を隠したりするのに、［Xオフセット］［Yオフセット］は便利です。

### ▶ ［切り抜きを制限］時のオフセット調整

［切り抜きを制限］にチェックが入っている場合、オフセットの値を大きくしていくと、ある時点から画像が非常に大きく拡大されま

す。有効なオフセット値を超えてしまったためです。一度拡大されると、［変形］パネルでは元に戻せません。元に戻すには［ヒストリー］を使用してください。

左は切り抜きを行ったあとに縮小したことで下部に余白が生じた。右はそれに対して［Yオフセット］を調整して余白を埋めたもの

# 56

### 効果 ▶▶▶ 切り抜き後の周辺光量補正：適用量

▶ 画像の周辺部を明るくしたり、暗くしたりする

［効果］パネルの［切り抜き後の周辺光量補正］の［適用量］は、画像の周辺部を明るくしたり、暗くしたりすることができます。調整値は－100から＋100で、初期値は0です。マイナス側の調整で暗く、プラス側の調整で明るくなります。

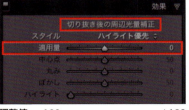

調整値　－100 ─────▲───── ＋100

適用量：－100

適用量：0（初期値）

適用量：＋100

#### ▶ 画像周辺部の明るさを調整する

［効果］パネルにある［切り抜き後の周辺光量補正］の［適用量］は、画像周辺部の明るさを調整します。調整できる値の範囲は－100から＋100で、初期値は0です。マイナス側への調整で周辺部が暗くなり、プラス側の調整で周辺部が明るくなります。どの程度の範囲を明るくしたり暗くしたりするかは、次ページの［中心点］で調整します。
［レンズ補正］パネルの［周辺光量補正］の［適用量］と同じ働きですが、こちらの［適用量］は［切り抜き後の周辺光量補正］とあるように、元画像の中心からズレた切り抜きを行っても、切り抜き後の状態をベースに周辺光量を補正します。そのため、［レンズ補正］の［適用量］のように周辺部の明るさ補正が一部に偏るということがありません。また、こちらの方がより強い効果が得られます。

上の作例を切り抜いたあと、左図は［レンズ補正］の［適用量］を調整したもので、右図は［切り抜き後の周辺光量補正］の［適用量］を調整したもの。左は効果が上部に偏っているが、右は均等に周辺部が暗くなっている

## 57 効果 ▶▶▶ 切り抜き後の周辺光量補正：中心点

▶ 周辺部の明るさ補正をする範囲を指定する

［効果］パネルの［切り抜き後の周辺光量補正］の［中心点］は、［適用量］による周辺部の明るさを調整する範囲を指定します。明るさ調整の範囲を中心部までおよぼせたり、周辺部に止めたりすることができます。調整値は0から100で、初期値は0です。

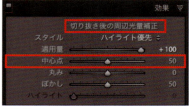

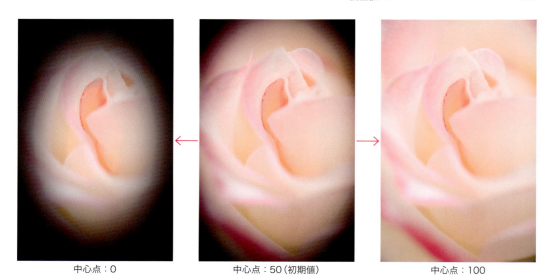

中心点：0　　　　　　中心点：50（初期値）　　　　　　中心点：100

### ▶ 中心から周辺までの補正範囲を指定する

［中心点］は、［適用量］で調整した明るさ調整の範囲を指定します。調整できる値は0から100で、初期値は50です。この［中心点］は単独では利用できず、［適用量］を0以外に調整した場合に利用可能になります。

［中心点］の値を小さくすると、［適用量］の効果が得られる範囲が周辺から中心に向かって広がります。逆に値を大きくすると［適用量］の効果が周辺部に限定されます。上の作例は、［適用量］を－100にして［中心点］の値を変化させています。

### ▶ ［スタイル］の違い

［切り抜き後の周辺光量補正］には［スタイル］というオプションがあります。［ハイライト優先］では白飛びを軽減し、［カラー優先］では色を維持、［オーバーレイをペイント］では周辺に黒か白を乗せることでグラデーションの変化を和らげます。

ハイライト優先　　　カラー優先　　　オーバーレイをペイント

## 58 効果 ▶▶▶ 切り抜き後の周辺光量補正：丸み
▶ 補正する範囲の丸さ加減を調整する

［効果］パネルの［切り抜き後の周辺光量補正］の［丸み］は、明るさを補正する形を丸くしたり、周辺部に限定（結果四角くなる）したりします。調整値は－100から＋100で、初期値は0です。

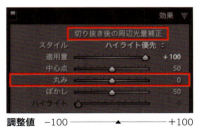

丸み：－100

丸み：0（初期値）

丸み：＋100

### ▶ 補正する形に丸みをつける

［切り抜き後の周辺光量補正］の［丸み］は、補正する形を変えます。調整できる値の範囲は－100から＋100で、初期値は0です。この［丸み］は［中心点］と同じように単独では操作できず、［適用量］を0以外に調整した際に利用可能になります。
［丸み］ですが、値をマイナス側に調整すると、補正される範囲はごく周辺部に限定されます。初期値の状態では楕円（画像の縦横比が異なる場合）になりま

す。また、プラス側に調整すると、補正される範囲が中心までおよびつつ、その形がより丸みを帯びてきます。＋100でほぼ円形になります。

### ▶ スクエア画像の場合

スクエア（正方形）の画像に対して［丸み］の値を変化させたものが下の作例です。マイナス側への調整は長方形の場合と同じような効果が得られますが、初期値の0で円形になると、それ以上はプラス側に調整しても変化はありません。

丸み：－100

丸み：0

丸み：＋100

## 59 効果 ▶▶▶ 切り抜き後の周辺光量補正：ぼかし

▶ 周辺光量補正のグラデーションを変化させる

［効果］パネルの［切り抜き後の周辺光量補正］の［ぼかし］は、周辺光量補正の境界部分のグラデーションを変化させます。調整値は0から100で、初期値は50です。値を小さくすると境界がハッキリし、値を大きくするとグラデーションが緩やかになります。

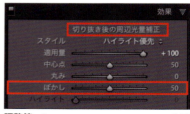

調整値 0 ――――▲―――― 100

ぼかし：0

ぼかし：50（初期値）

ぼかし：100

### ▶ 周辺光量補正の境界部のグラデーション調整

［切り抜き後の周辺光量補正］の［ぼかし］は、周辺光量補正の境界部分のグラデーション（ぼかし）を変化させます。調整できる値の範囲は0から100で、初期値は50です。
値を小さくするとグラデーションの範囲が狭くなり、0にすると境界部分がハッキリします。一方、値を大きくするとグラデーションの範囲が広くなりソフトな印象を与えるようになります。
［適用量］や［中心点］［丸み］の値が同じであっても、［ぼかし］によって補正の範囲や強度が変化するため、画像の明るさの印象も変わります。必要に応じて［ぼかし］以外のパラメーターの再調整を行ってください。

### ▶ 周辺を半透明にする

［切り抜き後の周辺光量補正］の各パラメーターを利用すると、画像の中心部はそのままに、周辺部を半透明のように見せることも可能です。デザイン的な写真の見せ方をする場合に効果的です。

［適用量］をマイナス側に調整し、［ぼかし］の値を小さくしたもの。周辺が暗い半透明状態になり、中心部がクローズアップされる

［適用量］をプラス側に調整し、［ぼかし］の値を小さくしたもの。周辺が明るい半透明状態になり、印象はソフトになる

# 60 効果 ▶▶▶ 切り抜き後の周辺光量補正：ハイライト

▶ 周辺の暗くなったハイライトを明るくする

［効果］パネルの［切り抜き後の周辺光量補正］の［ハイライト］は、［適用量］をマイナス調整して暗くなった周辺部のハイライトを明るくします。調整値は0から100で、初期値は0です。値を大きくするほど暗くなったハイライトを復元します。

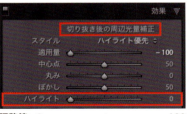

ハイライト：0（初期値）

ハイライト：50

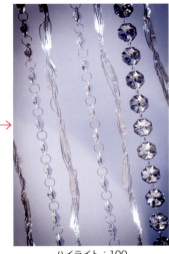
ハイライト：100

### ▶ 暗くなったハイライトを復元

［切り抜き後の周辺光量補正］の［ハイライト］は、［適用量］がマイナス側に調整された場合に利用可能になります。また、［スタイル］が［ハイライト優先］か［カラー優先］を選んだ場合に利用できますが、［オーバーレイをペイント］選択時は利用できません。［ハイライト］の調整できる値の範囲は0から100で、初期値は0です。

［適用量］をマイナス調整した画像に対し、［ハイライト］の値を上げていくと、暗くなった周辺部のハイライトが明るさを取り戻していきます。ただし、もともと暗い部分は明るくなりません。ハイライト部のみ効果があります。

この機能を利用するケースは、あまり多くないと思いますが、夜景やパーティー写真などで灯りを復元したい場合に有効でしょう。

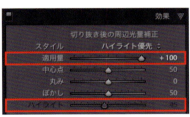
［適用量］がプラス側に調整されている場合は［ハイライト］は利用できない

［適用量］がマイナス側に調整されていても、［スタイル］で［オーバーレイをペイント］が選ばれていると［ハイライト］は利用できない

## 61 効果 ▶▶▶ 粒子：適用量
▶ 画像に粒状感を加える

［粒子］はフィルム写真のような粒状感を画像に加えるものです。その［適用量］は、粒状感の強弱を調整します。調整値は0から100で、初期値は0です。値を大きくするほど粒状感が強まります。

調整値 0 ──────▲────── 100

適用量：0（初期値）

適用量：50

適用量：100

### ▶ 粒子によるザラつきの効果

デジタルカメラの画像には、ノイズはあっても銀塩写真のような粒状感はありません。ツルリとした画質がデジタルカメラの画質の特徴です。銀塩写真のような雰囲気を求めたい場合は、あえて粒状感を加えることになります。その効果を加えることができるのが［粒子］です。

粒状感を加えると、画像がザラついて見えますが、それが独特の雰囲気を醸します。またツルリとしていない分、画像に視線が引っかかるようなそんな印象も受けます。銀塩写真の粒状感とは厳密には異なりますが、それでもレトロな雰囲気を出すのに一役買います。

この［粒子］の［適用量］は、粒状感の強さを調整します。初期値は0で、最大値が100です。値を大きくするほど粒状感が強まります。

### ▶ モノクロ写真で使う

［粒状］はモノクロ写真に対して適用すると、より効果的です。色のないモノクロ写真を粒状感がドレスアップしてくれます。モノクロ化したものの、どうも印象が弱いといった場合に、［粒子］を適用するだけで、味わい深いモノクロ写真に変わります。

［粒子］の［適用量］が0のモノクロ化しただけの写真

［適用量］を［100］として強めに［粒子］を加えた例

## 62 効果 ▶▶▶ 粒子：サイズ
▶ 粒子の大きさを調整する

［粒子］の［サイズ］は、［粒子］の大きさを調整します。調整値は0から100で、初期値は25です。値を大きくするほど粒子が大きくなる分、解像感が低下し、雰囲気は強調されます。

サイズ：0

サイズ：25（初期値）

サイズ：100

### ▶ 粒子の大きさで雰囲気も変わる

［粒子］の［サイズ］は、名前の通り、粒状感を感じさせる粒子の大きさを調整します。粒子が小さいほど画像は鮮明に見え、粒子が大きいほど細部がぼやけて見えます。

［サイズ］の調整できる値の範囲は0から100で、初期値は25です。［サイズ］は単独で使うことはなく、［適用量］を1以上に調整した場合に利用可能になります。

［粒子］の他のパラメーターとの兼ね合いで調整することになりますが、古い銀塩写真のような雰囲気を求める場合［サイズ］の値が初期値より小さめだと粒状の粒がむしろ際立ち、やや作為的な印象を受けることもあります。プリントする場合などは、テストプリントをして粒状感を確認してください。

### ▶ ディテールの消失に注意

［粒状］の［サイズ］を大きくするに従い、ディテールが見えにくくなります。粒子が大きくなるためです。粒状性が醸す雰囲気を重視するか、ディテールまで見せることを重視するか、表現に合わせて調整してください。

［粒子］の［サイズ］は0。船体の文字などが判別できる

［粒子］の［サイズ］は100。文字の判別ができなくなった

137

## 63 効果 ▶▶▶ 粒子：粗さ
▶ 粒子の規則性を変える

[粒子]の[粗さ]は、粒子の規則性を変化させます。調整値は0から100で、初期値は50です。値を大きくするほど、粒子はランダムに配置され、画質としてはより荒れて見えるようになります。

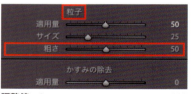

粗さ：0

粗さ：50（初期値）

粗さ：100

### ▶ 粒子の規則性を変化

[粒子]の[粗さ]は、粒子の規則性を変化させます。調整できる値の範囲は0から100で、初期地は50です。[粗さ]の値を小さくするほど粒子は規則的に並び、値を大きくするほどランダムに並びます。値を小さくして規則的に並んだ状態を拡大してみると、少し人工的な印象を受けます。アナログ的な雰囲気を強めたい場合は、初期値かそれ以上の値に調整するとよいでしょう。
[粒子]も[サイズ]と同じように、値を大きくするほどディテールが消失します。どの程度ディテールを見せたいか決める際に、Lightroomで100%表示にしたり、必要に応じてテストプリントしたりして確認しながら調整してください。
作例は[適用量]と[サイズ]を最大値にした上で[粗さ]の値を変えています。

### ▶ デジタルのノイズ感を粒状感に変える

高ISO感度撮影時のデジタルカメラのノイズは、規則的に並んで見えることが多く、気持ちよさを感じません。そこで、あえて[粒子]を加え[粗さ]の値を大きくすると、自然な印象になります。印象の悪いノイズ感を変えるひとつの方法です。

高ISO感度で撮った画像のアップ。規則的なノイズ感がむしろ不自然に感じる

[粒子]を加え[粗さ]を最大にし、元の規則的なノイズを自然に感じる粒状にした

# 64 キャリブレーション ▶▶▶ シャドウ：色かぶり補正

▶ シャドウ階調の色かぶりを補正する

［キャリブレーション］の［シャドウ］の［色かぶり補正］はシャドウ階調の色かぶりを補正します。［基本補正］パネルの［色温度］や［色かぶり補正］のあとに、シャドウ部にグリーンやマゼンタがかぶってしまった場合などに使用します。

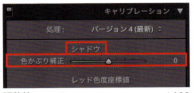

色かぶり補正：−100

色かぶり補正：0（初期値）

色かぶり補正：＋100

## ▶ シャドウ部に生じた色かぶりを補正する

［シャドウ］の［色かぶり補正］は、名前の通り、シャドウ部の色かぶりを補正します。調整できる値の範囲は−100から＋100で、初期値は0です。マイナス側の調整を行うとシャドウ部でグリーンが強くなり、プラス側の調整を行うとシャドウ部でマゼンタが強くなります。実際に色かぶりを補正する際には、スライダーの背景の色を確認し、かぶっている色と反対側にスライダーを調整します。

この機能ですが、［基本補正］の［色かぶり］などを調整したあとに残ってしまう、シャドウ部の色かぶりを補正するために使います。似たような機能に［明暗別色補正］があります。ただ［明暗別色補正］は調整の自由度が高く、調整の影響も大きいので、［基本補正］の［色かぶり］による影響であれば、この［色かぶり補正］の方が調整は簡単です。

建物の壁でホワイトバランスを調整したところ、壁はノーマルだが、シャドウを中心にマゼンタかぶりが生じた

［シャドウ］の［色かぶり補正］をマイナス側（グリーン側）に調整し、マゼンタかぶりを補正した例

## 65 キャリブレーション ▶▶▶ 色度座標値

▶ レッド、グリーン、ブルーを調整する

「色度座標」は、カラーモデル（表色系）における色の位置を数量的に示したものです。この［色度座標値］は、レッド、グリーン、ブルーの色度（彩度と明度）をそれぞれ－100から＋100の間で調整することができます。

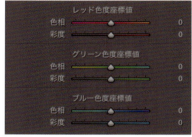

調整値　－100 ────▲──── ＋100

ブルーの色相：－100

ブルーの色相：0（初期値）

ブルーの色相：＋100

### ▶ 色度座標値とは

色の三要素として色相、彩度、明度がありますが、「色度」というのはそのうち「彩度」と「明度」を意味します。また、色度座標値とは、可視光線を立体や平面で表したときに、ある色がどの位置にあるかを示すためのものです。

右の図は馬蹄形が可視光線の領域を示し、三角は任意の色空間（sRGBやAdobe RGB）を示しています。三角の頂点はグリーン、ブルー、レッドですが、その位置が色度座標になります。この位置を調整するのが［色度座標値］です。Lightroomではそれぞれの色について［色相］と［彩度］で調整します。上の例は、［ブルー］の［色相］を－100と＋100に変えたものです。これにより三角形の形が変わるため、ブルー系の色だけでなく他の色にも影響を与えます。

### ▶ 条件ごとに調整する

異なる光源で撮影する場合、同じカメラであっても発色が変化します。また同じ光源であってもカメラが変わると発色が変わります。［色度座標値］はそのような条件ごとの発色の違いを統一するために使います。

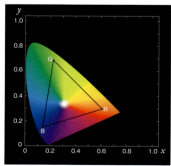
色度座標

## 66 ヒストグラム
▶ 左右のドラッグで階調ごとの明るさを調整する

［ヒストグラム］は、画像の明るさの分布を示したものですが、［現像］モジュールでは［ヒストグラム］上で左右にドラッグすることで、ドラッグする階調を中心とした明るさの調整が可能です。

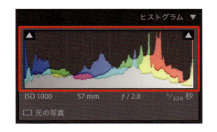

中央部（露光量）を左にドラッグ

オリジナル

中央部（露光量）を右にドラッグ

### ▶ ヒストグラムを使って明るさを補正

Lightroomの［現像］モジュールでは、［ヒストグラム］上で明るさの補正ができるようになっています。ヒストグラムにマウスカーソルを合わせると、マウスカーソルの形が変わり、その階調部分が少し明るくなります。そのまま、左右にドラッグすると、その階調を中心とした明るさを調整することができます。とても直感的でわかりやすい操作方法です。
調整される階調は左から［黒レベル］［シャドウ］［露光量］［ハイライト］［白レベル］のパラメーターに対応しています（下図参照）。実際に［ヒストグラム］上で左右にドラッグすると、対応するパラメーターが調整されます。

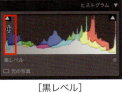
［黒レベル］

［シャドウ］

［露光量］

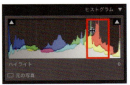
［ハイライト］

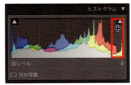
［白レベル］

## 67 フレーム切り抜きツール
### ▶画像を切り抜く（トリミングする）

画像を切り抜くには、[切り抜きと角度補正]のツールパネルの[フレーム切り抜きツール]を利用します。[縦横比]を選び、プレビュー画像上で切り抜きのハンドルをドラッグして切り抜きを行います。

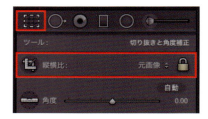

切り抜き前

切り抜きの実行中の画面

切り抜き後

### ▶比率を指定して切り抜きする

画像を切り抜くには、[ツールストリップ]の[切り抜き]ボタンをクリックして操作します。まず、[縦横比]のメニューで比率を指定したら、上の中央の図のように、いったんドラッグしたあと、四隅のハンドルや各辺の中央のハンドルをドラッグして、切り抜く大きさを調整します。切り抜き範囲の四角の内側にマウスを合わせてドラッグすれば、画像がスクロールし、切り抜き範囲の位置の調整ができます。またドラッグ中に比率が変わってしまう場合は、「鍵」のアイコンをクリックして縦横比を固定して作業します。
切り抜くサイズと位置が決まったら、ツールパネルの[閉じる]ボタンか、画面右下にある[完了]ボタンをクリックすると切り抜きが確定します。元画像が本当に切り抜かれているわけではないので、切り抜きのやり直しは何度でも可能です。

[縦横比]のメニュー

「鍵」のアイコンをクリックすると、開いたり閉じたりする。閉じていれば比率が固定される

142

CHAPTER 4

# 68
## 角度補正
▶ 画像を左または右に回転する

[切り抜きと角度補正]の[角度補正]では画像を左や右にそれぞれ45度まで回転することができます。回転の操作は、スライダーを左右にズラすか、数値を入力するか、またはプレビュー画像上でドラッグするといった方法があります。

調整値 −45 ──────▲────── ＋45

角度補正：−5度

角度補正：0度（初期値）

角度補正：＋5度

### ▶ 画像の角度を調整・補正する

[角度補正]では、左右方向それぞれに45度、画像を回転することができます。スライダーでは左にズラすと画像は左回転（数値はマイナス）、右にズラすと右回転（数値はプラス）になります。数値を直接入力してもかまいません。また、プレビュー画像上の四隅のハンドルの外側にマウスを合わせると、直接画像を回転することができます。[自動]ボタンでは、さりげなく角度やゆがみの補正がなされます（補正されない場合もあります）。
画像中の地平線や建物の壁などがあって、その線を規準に水平／垂直にしたい場合は、[角度補正ツール]を使います。これをクリックし、画像中の線に沿ってドラッグすると角度補正がなされます。
他のツールとの併用で余白が生じた場合は、[画像に固定]にチェック入れると余白がなくなります。

[角度補正ツール]を選んで、画像中の線に沿ってドラッグしても角度補正ができる。この場合、ドアに沿ってドラッグすると、ドアが垂直になる

角度補正中にグリッド（方眼）を表示したい場合は、[ツールオーバーレイ]で[自動]または[常にオン]を選んでおく

143

## 69 スポット修正 ▶▶▶ コピースタンプ
▶ コピー元からコピー先へ画像をコピーし不要物を消す

［スポット修正］の［コピースタンプ］は、ゴミや不要物を消す際に用います。消したい部分に合わせて［サイズ］［ぼかし］を、補正後の鮮明さを［不透明度］で調整します。操作は、消したい部分でクリックまたはドラッグをします。

［コピースタンプ］の適用前

［コピースタンプ］の適用後

### ▶ 画像のコピー＆ペーストで不要物を消す

［スポット修正］の［コピースタンプ］は、不要物を消す際に用います。不要物の大きさに合わせて［サイズ］を決め、境界部分のぼけ具合は［ぼかし］で調整し、操作後のゴミの消え具合を［不透明度］で指定します。［ぼかし］は10〜50程度にすると、修正後の境界が目立ちにくくなります。不要物を完全に消すためには［不透明度］は100にします。
以上を設定したら、不要物を完全に覆うようにクリック、ドラッグします。すると、矢印でつながれた2つの囲いが表示されます。矢印の手前から先へ画像をコピーするという意味です。もし不要物がうまく消えない場合は、矢印の手前側の囲いを別の場所にドラッグしたり、3つのパラメーターの値を調整し直したりします。ツールバーの［スポットを可視化］にチェックを入れると、輪郭の検出画面になり、ゴミなどが見つけやすくなります。最後に［完了］ボタンや［閉じる］ボタンで確定します。

不要物に合わせて［サイズ］などを調整し、その部分を覆うようにクリック、ドラッグする

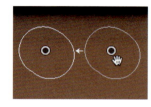

2つの囲みは、矢印の手前から先に画像をコピーするという意味。うまく消えない場合、矢印手前の囲みをドラッグして位置を変えたり、パラメーターを再調整したりする

［スポットを可視化］は、不要物を見つけやすくする

# 70 スポット修正 ▶▶▶ 修復

▶ テクスチャを考慮しながらゴミを消す

[スポット修正]の[修復]は、コピー先とコピー元のテクスチャを考慮しながら双方の画像を合成し、不要物を消します。操作方法は[コピースタンプ]と同じく、不要物部分をクリックしたり、ドラッグしたりします。

[修復]の適用前

[修復]の適用後

## ▶ 画像をなじませながら不要物を消す

[スポット修正]の[修復]は、画像をなじませながら不要物を消すことができます。[コピースタンプ]は、単にコピー元からコピー先へ画像をコピーするだけなので、自然に仕上がらないこともあります。[修復]はコピー元とコピー先のテクスチャを相互に馴染ませるため、より自然に不要物を消すことができます。操作方法は[コピースタンプ]と同じように、[サイズ][ぼかし][不透明度]を設定し、不要物部分を覆うようにクリックしたり、ドラッグしたりします。すると、コピー元とコピー先の囲みが現れます。もし不自然な仕上がりだったらコピー元の位置を変えてみたり、パラメーターの値を変えてみたりしてください。最後に[完了]ボタンで確定です。

[修復ブラシ]で消したい不要物を完全に覆うようにドラッグする

矢印でつながれたコピー元とコピー先を示す白線の囲みが表示される。結果が不自然な場合はコピー元の囲みをドラッグして位置を変えたり、パラメーターの値を変えたりしてみよう

# 71 赤目修正

▶ フラッシュ撮影で生じた赤目を補正する

暗い状況で人物に対してフラッシュ撮影をすると「赤目」現象が生じることがあります。［赤目修正］では生じてしまった赤目を簡単に補正することができます。人物だけでなくペットの目の色の補正も可能です。

赤目補正前

赤目補正後

### ▶ フラッシュ撮影時の赤目を補正

薄暗い環境では人の目はより光を捉えようと瞳孔が開きます。その状態でフラッシュ撮影をすると、目が明るく写ることがあります。それが赤目現象です。この［赤目修正］では、赤くなった瞳の色を補正することができます。

補正するには、まず赤目がきちんとわかるように目の部分を拡大表示しておきます。次に、［赤目修正］を選び、瞳の中心から赤目部分を十分に覆うように外側にドラッグします。するとその部分に白線の丸が表示され、パネルには［瞳の大きさ］［暗くする量］というパラメーターが現れます。赤目補正の過不足がある場合はそれらのパラメーターの修正を行います。最後に［完了］ボタンで確定します。

ペットをフラッシュ撮影した場合の不自然な瞳に対しては［ペットアイ］で補正可能です。その場合、瞳にライトを反射させる［キャッチライトを追加］も利用可能です。

［赤目修正］を選び、赤目部分を覆うように瞳の中心からをドラッグする

赤目が修正されると、白線の丸が表示される。必要に応じて［瞳の大きさ］や［暗くする量］で補正結果を調整することができる。また［赤目修正］を取り消す場合はdeleteキーを押す

［赤目修正］のドラッグ後に［瞳の大きさ］と［暗くする量］というパラメーターが現れるので、必要に応じて調整する

## 72 段階フィルター
▶ 一方向のグラデーション状に部分補正をする

［段階フィルター］では、一方向のグラデーション状に部分補正をすることができます。ドラッグした方向に補正がかかりますが、最初は補正が強く、次第に補正が弱まるようなかかり方をします。各種の明るさや色、明瞭度などたくさんのパラメーターが使えます。

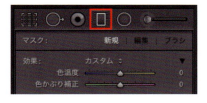

［段階フィルター］の適用前

［段階フィルター］の適用中の画面
［露光量］や［コントラスト］を調整

［段階フィルター］の適用後

### ▶ 一方向のグラデーション状に画像を補正

［段階フィルター］は、一方向のグラデーション状に補正を行います。画像上でドラッグして補正する範囲を指定しますが、ドラッグの始点（とその手前）で補正が最大となり、ドラッグの終点にかけて補正が弱まり、ドラッグの終点（とそれ以降）で無補正となります。

［段階フィルター］を操作すると［ピン］と呼ばれる「丸」が表示されます。これをドラッグして［段階フィルター］の位置をズラしたり、また両端の白い線をドラッグして補正の幅を変えたりすることができます。さらに中央の白い線のドラッグで［段階フィルター］が回転します。shiftキーを押しながらドラッグすると、水平、垂直に［段階フィルター］を作成できます。

補正のパラメーターは全部で16種類です。パラメーターの設定は［段階フィルター］を作成前でも作成後でもかまいません。

［新規］ボタンをクリックすると、パラメーターの内容が異なる新たな［段階フィルター］を作成することができます。不要になった［段階フィルター］は［ピン］をクリックし、deleteキーを押すと削除できます。

補正結果を確認するのに［ピン］は時にじゃまになることがありますが、その際はツールバーの［編集ピンを表示］で［自動］または［常にオフ］を選ぶと、表示が消えます（ショートカットキーはH）。

補正範囲を確認したい場合は、［選択したマスクオーバーレイを表示］をチェックすると、その範囲が赤で表示されます。最後に［完了］で確定します。

プレビュー画像の下部にある［編集ピンを表示］のメニューと［選択したマスクオーバーレイを表示］のチェックボックス。必要に応じて、これらも利用する

147

## 73 円形フィルター
▶ 円形のグラデーション状に部分補正をする

[円形フィルター]は[段階フィルター]の円形バージョンです。ドラッグして円（楕円）を作成し、その円の形に合わせて補正がなされます。補正する範囲は、円の内側か外側かを選びます。[ぼかし]で、円の境界部分の変化の滑らかさの調整も可能です。

[円形フィルター]の適用前

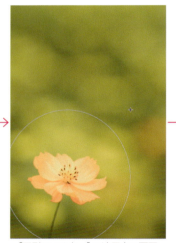

[円形フィルター]の適用中の画面
[露光量]を調整し[ぼかし]を100、
[反転]にチェックを入れた

[円形フィルター]の適用後

### ▶ 円形のグラデーション状に画像を補正

[円形フィルター]は、[段階フィルター]の円形バージョンです。ドラッグして円や楕円を描き、その形に合わせて補正がなされます。

部分補正したい範囲の中心からドラッグして円形状の補正範囲を作成します。ドラッグしたあとでも、[ピン]をズラして補正範囲を移動したり、円周上のハンドルをドラッグして円の大きさや形を変えたり、円周の線をドラッグして回転したりすることができます。利用できるパラメーターは16種類で[段階フィルター]と同じです。

[段階フィルター]にない機能が、[ぼかし]と[反転]です。[ぼかし]は、円の境界の変化の滑らかさを調整します。値を0にすると境界がハッキリして不自然に見えます。値を大きくすると境界がわかりにくくなり自然に見えます。[反転]は、補正を作成した円の内側にかけるか、外側にかけるかを選びます。円の内側を補正したい場合は[反転]にチェックを

入れます。その他の操作方法は[段階フィルター]と同様です。

上の作例に対し[ぼかし]を0
としたもの。境界がハッキリして不自然になる

[反転]のチェックなしでは、円の外側が補正範囲になる

# 74 部分補正の範囲マスク
▶ 部分補正された範囲から一部を除外する

[範囲マスク]は、[段階フィルター]や[円形フィルター]、[補正ブラシ]を設定したあと、意図しない部分まで補正がなされたとき、その部分を補正の対象から除外する機能です。

補正前

[段階フィルター]で
画像の上側を明るくした

[範囲マスク]で
明るい花に対する補正を除外した

## ▶ 部分補正の一部を除外する

[段階フィルター][円形フィルター][補正ブラシ]の各パネルの下にある[範囲マスク]は、部分補正によって意図しない部分まで補正がなされたとき、その部分に対する補正を除外(マスク)します。上の例は、[段階フィルター]で画像の上側を明るくしたのですが、それにより花が明るくなりすぎています。そこで[範囲マスク]の[輝度]を選び、[範囲]を0/95、[滑らかさ]を10として、花に対する補正を除外しています。
2つのスライダーがある[範囲]は、スライダーで挟まれた輝度範囲(左が暗く、右が明るい)を補正対象とします。[滑らかさ]は境界における補正の切り替わりの滑らかさを指定します。

[範囲マスク]には[カラー]という除外範囲を「色」で指定する方法もあります。下図は[円形フィルター]で飛行機を明るくした例です。飛行機だけを明るくしたいので[範囲マスク]で[カラー]を選び、スポイトのツールで補正したい範囲をドラッグ(shiftキーで複数箇所のドラッグ)すると、飛行機だけに補正がなされます。

[円形フィルター]で明るくした

[範囲マスク]で[カラー]を選び、補正を残したい範囲をドラッグする(shiftキーで複数ドラッグ)

空は補正の対象外となり、飛行機だけに補正が残る

## 75 補正ブラシ（明るさや色のスポット補正）
▶ クリックやドラッグした範囲の明るさや色を補正する

［補正ブラシ］は、クリックやドラッグによって補正を適用します。パネルは［効果］と［ブラシ］があり、［効果］は明るさや色、シャープネスなどのパラメーター、［ブラシ］はサイズや効果の強さのパラメーターが含まれます。ここでは［補正ブラシ］の概要と明るさや色の補正の例を取り上げます。

補正前の画像

補正ブラシで作業中の画面

［補正ブラシ］による補正後の画像

### ▶ 補正範囲の自由度が高い［補正ブラシ］

［補正ブラシ］はクリックやドラッグした範囲を補正できる、自由度の高い部分補正のツールです。作例は、少し暗めの画像に対し、［補正ブラシ］を使って胸像部分を明るくしたものです。操作方法ですが、［補正ブラシ］を選んだら［効果］や［ブラシ］のパラメーターをある程度設定しておきます。次に、補正したい範囲をクリック、ドラッグして部分補正を行います。
［補正ブラシ］を使うと丸い［ピン］が現れます。［ピン］が選択された状態であれば、［効果］のパラメーターの再調整も可能です。また、パネル上部の［新規］をクリックすると、新たな［補正ブラシ］で異なる効果の部分補正ができます。
1つの［補正ブラシ］を削除するには［ピン］を選んでdeleteキーを押します。すべてを削除するには［初期化］ボタンをクリックします。作業を確定するには［完了］ボタンをクリックします。

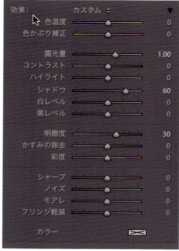
［補正ブラシ］ではこのような補正のパラメーターが利用できる

パネル上部の［新規］ボタンをクリックすると、複数の異なる効果を与える補正ブラシを利用できる

## 76 補正ブラシ（ディテールの補正）
▶ シャープ、ノイズ、モアレなどを部分補正する

部分補正では［シャープ］［ノイズ］［モアレ］［フリンジ削除］など、ディテールの質感を調整する機能も用意されています。ここでは［補正ブラシ］を使った部分補正の例を取り上げます。

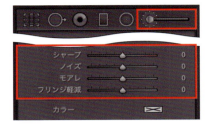

全体画像

メッシュ部分に生じたモアレ

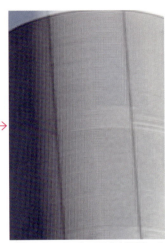
［補正ブラシ］の［モアレ］を利用してモアレを軽減

### ▶ ディテールの質感向上にも使いたい補正ブラシ

［シャープ］［ノイズ］［モアレ］［フリンジ削除］という4つのパラメーターは、ディテールの質感を調整するために使います。これらは［段階フィルター］［円形フィルター］そして［補正ブラシ］のいずれの部分補正機能でも利用可能です。比較的、広い範囲の調整が必要な場合は［段階フィルター］や［円形フィルター］が便利ですが、スポット的な調整を行いたい場合は、［補正ブラシ］が適しています。

上の作例はモアレを軽減したものです。モアレとは、被写体のパターンとカメラのセンサーのパターンやピッチが干渉して生じる縞模様のことで、この［モアレ］は特に色の付いたモアレを軽減するのに効果があります。作例は［モアレ］の値を50としてドラッグしています。

### ▶ ノイズ軽減の例

画像を明るく補正すると、シャドウ部に隠れていたノイズが目立ってくることがあります。一律にノイズ軽減を行うと、画像全体のシャープさを損なうこともあります。そのような場合は［補正ブラシ］でスポット的にノイズ軽減を行うとよいでしょう。下図はその例です。

全体図。シャドウ部でノイズが目立つ

［補正ブラシ］-［ノイズ］の適用前

［補正ブラシ］-［ノイズ］の適用後

# 77 補正ブラシ ▸▸▸ サイズ

### ● 補正ブラシの差大きさを指定する

［補正ブラシ］の［サイズ］は、ブラシの大きさを指定します。調整値は0.1から100.0までの0.1刻みです。値が大きいほど広い範囲を一度に補正することができます。

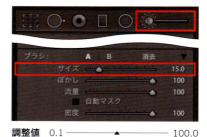

調整値　0.1 ——————— 100.0

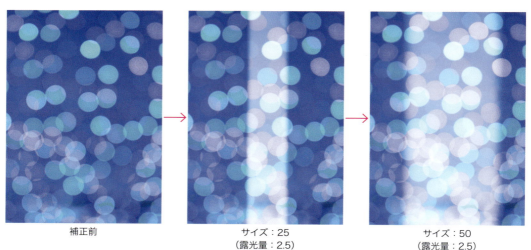

補正前　　　　　　　　サイズ：25　　　　　　　　サイズ：50
　　　　　　　　　　（露光量：2.5）　　　　　　（露光量：2.5）

### ● ［補正ブラシ］の大きさを設定する

［補正ブラシ］の［サイズ］は、一度のクリックやドラッグで補正できる範囲を指定します。調整できる値の範囲は0.1から100.0です。値が大きいほど、より広い範囲を一度に補正できます。
値の変更はスライダーを操作するか、直接数値を入力します。また［サイズ］のパラメーターが選択されているときのショートカットキーは、次のようになります。［↑］［↓］で値が1ずつの変更で、shift +［↑］［↓］で値が10ずつの変更です。上の作例は［露光量］

を+2.5とした上で、［サイズ］を25、50と変えたものです。なお、［ブラシ］パネルを閉じている場合は、［サイズ］のみが表示されます。
ところで［補正ブラシ］の選択中に画像を拡大・縮小するには［Z］キーを押します。その際、サイズを示す円の大きさは変わりません。必要な範囲を補正するには、画像の拡大率に合わせて［サイズ］を変更し直す必要があります。そのようなとき、大小の異なるサイズを［A］［B］に登録しておくと、効率よく作業を進めることができます（P.155参照）。

［ブラシ］パネルが開いている状態。すべてのパラメーターが利用できる

［ブラシ］パネルが閉じた状態。［サイズ］しか利用できなくなる

# 78 補正ブラシ ▶▶▶ ぼかし

▶ 補正の境界のぼけ具合を指定する

［補正ブラシ］の［ぼかし］は、［補正ブラシ］で補正される範囲の境界部分のぼけ具合を指定します。調整値は0から100です。値が小さいほど境界がハッキリし、値が大きいほど境界がぼけます。

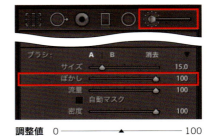

調整値 0 ―――――――▲――――――― 100

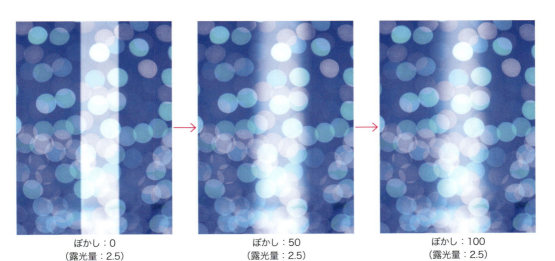

ぼかし：0　　　　　　ぼかし：50　　　　　　ぼかし：100
（露光量：2.5）　　　（露光量：2.5）　　　（露光量：2.5）

## ▶ 補正範囲の境界のぼけ具合を設定する

［補正ブラシ］の［ぼかし］は、補正範囲の境界部分のぼけ具合を指定します。調整できる値の範囲は0から100で、値が小さいほど境界がハッキリし、値が大きいほどぼけが大きくなります。輪郭が明瞭かどうかなど、補正したい被写体に合わせて［ぼかし］の値を調整します。ただ、値を小さくしすぎると、作例の左端のように補正の境界がハッキリしすぎて作為的な印象を与えます。［補正ブラシ］を使い慣れないうちは、［ぼかし］の値はある程度大きめの値にした方が、使いやすいはずです。

複数の［補正ブラシ］について触れておきます。［新規］ボタンをクリックすると、パラメーターの内容が異なる新たな［補正ブラシ］を利用できます。また［新規］をクリックした分だけ［ピン］が表示されます。黒い［ピン］はアクティブ、グレーの［ピン］は非アクティブを示しています。補正範囲を広げたり、パラメーターの再調整をしたりする場合は、該当する［ピン］をクリックして選択状態にしてから行ってください。また、削除する際には、［ピン］にマウスを合わせて右クリックし、メニューから［削除］を選ぶか、［ピン］を選んでdeleteキーを押します。

黒い［ピン］はアクティブ、グレーの［ピン］は非アクティブを示す

削除する場合は［ピン］を右クリックしメニューから［削除］を選ぶか、deleteキーを押す

# 79 補正ブラシ ▶▶▶ 流量

▶ 1度のドラッグで与える効果の強さを指定する

［補正ブラシ］の［流量］は、［効果］で指定したパラメーターの効果を、1度のドラッグでどの程度反映させるかを指定します。数値が小さな場合は、ドラッグの繰り返しで効果を強めることができます。ただし効果の強さの上限は［密度］に依存します。

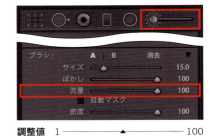

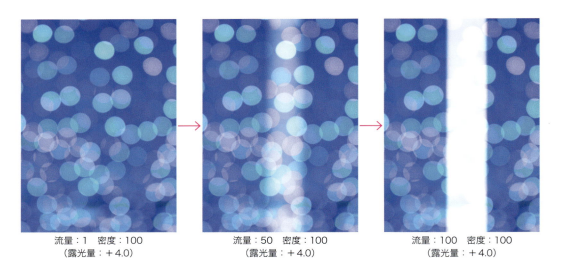

流量：1　密度：100　　　流量：50　密度：100　　　流量：100　密度：100
（露光量：＋4.0）　　　　（露光量：＋4.0）　　　　（露光量：＋4.0）

### ▶ 補正の強さをドラッグの回数で調整できる

［流量］は、［効果］パネルで設定されたパラメーターの補正効果を、1度のドラッグでどの程度反映させるかを制御します。1度のドラッグで最大の補正効果を得たい場合は［流量］の値を100とします。100より小さな値にすると、1度のドラッグによる補正の効果が弱まります。その場合、同じ箇所を複数回ドラッグすることで、効果を強めることができます。［流量］の値を小さくしておけば、補正効果の強さをドラッグの回数で調整することが可能になります。
ただし、ドラッグすればいくらでも補正が強くなるわけではなく、ある時点でそれ以上の補正効果が得られなくなります。その上限は［密度］によって決まります。詳しくは次ページを参照してください。
右の図は、［露光量］を＋4.0、［密度］を100、［流量］を50として、ドラッグの回数を変えたものです。ドラッグを重ねることで補正効果の強さが強まるのがわかります。

［露光量］を4.0、［密度］を100、［流量］を50として同じ箇所を回数を変えてドラッグしたもの。左がドラッグ1回、中央がドラッグ2回、右がドラッグ3回。このように、ドラッグの回数で補正効果の強さの制御が行える

# 80 補正ブラシ ▶▶▶ 密度

▶ 補正効果の上限を設定する

[補正ブラシ]の[密度]は、補正効果の上限を設定します。補正効果の強さは0で最小、100で最大となりますが、実際には[流量]と組み合わせて使うことが多いでしょう。組み合わせることでさらに柔軟な部分補正が行えるようになります。

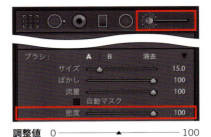

密度：25　流量：50　露光量：+4.0
以上の設定で左から1回、3回、5回とドラッグする回数を増やした。[密度]が25なので、ドラッグの回数を重ねても補正効果はそれほど強まらない

密度：50　流量：50　露光量：+4.0
以上の設定で左から1回、3回、5回とドラッグする回数を増やした。[密度]が50なので、[密度]が25よりも補正の効果は強まる

密度：100　流量：50　露光量：+4.0
以上の設定で左から1回、3回、5回とドラッグする回数を増やした。[密度]が100なので、4〜5回のドラッグで最大の補正効果が得られる

## ▶本文補正効果の上限を設定する

[補正ブラシ]の[密度]は、[効果]パネルの設定内容をどの程度反映させるかという、補正効果の強弱を制御します。[密度]は[流量]と併せて使うことで部分補正の自由度を高めます。

例えば、[密度]を100、[流量]を50とすれば、同じ箇所の複数回ドラッグで効果が強まり、最終的に100%の効果が得られます。しかし、[密度]を50、[流量]を50とした場合では、ドラッグを重ねても100%の効果に届きません。さらに[密度]を0にすると、もはやドラッグしても何の効果も得られません。このように[密度]は[補正ブラシ]が与えることのできる補正効果の上限を決定します。

## ▶ブラシの[A][B]と[消去]

[サイズ]や[流量]など、[ブラシ]パネルの内容は、[A]と[B]それぞれ個別に設定することができます。その際に切り替わるのは[ブラシ]パネルの内容だけで、[効果]パネルは同じままです。

画像の表示倍率を[全体]と[1:1]とで切り替えて作業するような場合を考えてみます。ブラシの[サイズ]は表示倍率に連動して変化しないので、[サイズ]変更が面倒ですが、例えば[A]に大サイズ、[B]に小サイズを設定しておけば、[A][B]のクリックだけで[サイズ]変更ができ、再設定の手間を省くことができます。

[消去]は、[補正ブラシ]で適用した補正範囲を取り消す場合に使います。

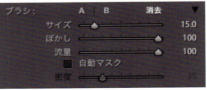

[A][B]は[ブラシ]パネルの内容をそれぞれ個別に設定できる。[消去]は、補正範囲をドラッグして取り消すことができる

# 81 補正ブラシ ▶▶▶ 自動マスク
## ▶ 輪郭を判断して補正の範囲を限定する

［補正ブラシ］の［自動マスク］は、輪郭を検出し、［補正ブラシ］の補正効果が輪郭の外側に漏れないようにしてくれます。ハッキリした輪郭ほど効果的で、あいまいな輪郭だとうまく機能しないこともあります。

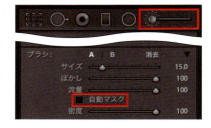

補正前

［自動マスク］にチェックを入れずに明るくなるように飛行機を補正した。補正が飛行機の輪郭の外側におよんでしまう

［自動マスク］にチェックを入れて補正した。［自動マスク］によって飛行機の輪郭の内側だけに補正がなされている

### ▶ 被写体からはみ出さずに補正する

［補正ブラシ］の［自動マスク］にチェックを入れると、補正したい被写体の輪郭の内側だけを補正することができます。補正が被写体の外側におよばないので、効果的に部分補正をすることが可能です。ただし、輪郭の内側と外側で明るさや色が似通っているなど、曖昧な輪郭に対しては、うまく機能しないこともあります。また輪郭がハッキリしていても、輪郭外に似たような色があると、その部分が補正されることもあります。
操作する際に注意したいのは、［補正ブラシ］の中心が必ず輪郭の内側に位置するということです。中心のピクセルの色を基準として、ブラシの［サイズ］内にあるその近似色を補正対象とするためです。［補正ブラシ］の中心が輪郭の外に出ると、外側が補正の対象になってしまいます。
便利な［補正ブラシ］ですが、細かな部分まで丁寧に仕上げるためには、画像を拡大して作業をしてください（Zキーを押すと画像の拡大縮小ができます）。また［範囲マスク］の併用も可能です。

細かな部分は、画像を拡大して作業をする。［補正ブラシ］選択中は、マウスクリックによる画像の拡大・縮小ができないが、Zキーで拡大・縮小ができる

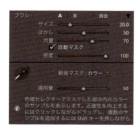
輪郭の外に補正がはみ出してしまうような場合、［範囲マスク］を併用することで、期待に沿った補正ができることもある。試してみよう

CHAPTER 5

# 実践 RAW現像

# 01 くすんだ写真を鮮やかにする

元はやや暗く、色もあまりハッキリしない写真ですが、軽やかで鮮やかなイメージに仕立てます。各種の明るさや色の調整、そしてトリミングなど、基本的な機能を使って現像処理をしてみましょう。

### ▶ 現像のポイント

**全体的な明るさを調整する**
- 露光量 ➡ P.83
- シャドウ ➡ P.86

**写真の雰囲気をコントロールする**
- 色温度 ➡ P.80
- トーンカーブ ➡ P.98

**ピント感を調整する**
- 明瞭度 ➡ P.89
- かすみの除去 ➡ P.90

**不要部分の削除と主題の明確化を行う**
- フレーム切り抜きツール ➡ P.142

BEFORE

AFTER

::: STEP 1

## 色温度を整える

より暖かみのある画像にするため、[色温度]を調整します。数値を上げることで画像全体の印象がウォーム調になります。

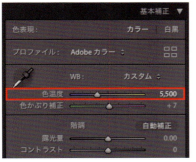

1-1 [基本補正]パネルの[色温度]を初期設定の値から[5500]にします。

1-2 元画像の状態です。ややくすんだ色合いです。

1-3 [色温度]の調整で暖かみのある印象に変わります。

::: STEP 2

## 明るさを整える

少し暗く感じるので明るくします。ここでは[露光量]と[シャドウ]を使い、明るめに調整します。

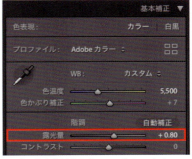

2-1 まずは[露光量]を[+0.80]とします。

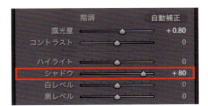

2-2 [露光量]だけではシャドウ側が重い印象なので、[シャドウ]も[+80]とします。

2-3 画像全体が明るく軽やかな印象に変わります。

## ▦ STEP 3

### 調子（雰囲気）を整える

［トーンカーブ］で［調子］を整えます。ここではカーブを持ち上げるようにして「ふんわり」としたイメージにします。

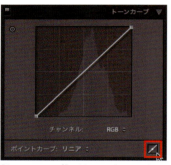

3-1　［トーンカーブ］パネルで右下のボタンをクリックし、スライダーが表示されないモードにします。

3-2　カーブ中央よりやや左側を上方にドラッグし全体を明るめにします。

3-3　［トーンカーブ］を調整したことで、より軽やかな印象になります。

## ▦ STEP 4

### 色を鮮やかにする

色の鮮やかさが不足気味なので［彩度］および［自然な彩度］で色味を強めます。写真がより華やぎます。

4-1　［基本補正］パネルの［自然な彩度］を［＋50］程度にします。

4-2　もう少し全体的な彩度を補うため［彩度］を［＋20］程度にします。

4-3　色のりがよく印象がハッキリすると同時に、画像が華やいで見えるようになります。

### ⋮⋮⋮ STEP 5

## ピント感を調整する

ピントの合った部分をより明瞭に見せ、なおかつピントの合っていない部分をぼかしましょう。

5-1　［基本補正］パネルの［明瞭度］を［＋25］とします。

5-2　［基本補正］パネルの［かすみの除去］を［－5］とします。

5-3　この場合特にマイナス調整した［かすみの除去］により、背景のコントラストの若干の低下と同時に色味の強調がなされます。

### ⋮⋮⋮ STEP 6

## トリミングで仕上げる

最後にトリミングを行います。特に右下部分がやや重い印象があるので、その範囲が隠れるようなトリミングを行います。

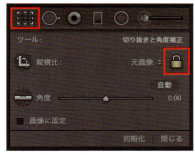

6-1　［フレーム切り抜きツール］で、［縦横比］は［元画像］と比率が変わらないように錠をロックします。

6-2　右下部分が隠れるようにトリミングを行います。［完了］ボタンで確定します。

6-3　重い印象の右下が隠れ、またピントの合った花が大きく見えるようになったことで主題がハッキリしました。

161

CHAPTER 5

# 02 テーブルのシーンを爽やかに仕上げる

テーブルセッティングを撮った写真です。露出がアンダー目に撮られていますが、これを大胆に調整し、朝食のシーンを想起させるような雰囲気に仕上げてみます。「明るさ」と「色」で朝をイメージさせるのがポイントです。

▶ 現像のポイント

周辺光量の低下を補正する
**プロファイル補正を使用** ➡ P.119

シャドウ階調をなくす
**トーンカーブ** ➡ P.98

写真の印象を色で調整する
**色温度** ➡ P.80

明るさ調整で弱まった色を回復する
**自然な彩度** ➡ P.91
**彩度** ➡ P.92

BEFORE

AFTER

::: STEP 1

## ベースとなる処理をする

色作りのベースとして［プロファイル］を選び直し、画像の周辺光量を補正するのに［プロファイル補正］を適用します。

1-1 ［基本補正］パネルの［プロファイル］で［Adobe ビビッド］を選び、ベースとなる色味やトーンを強調します。

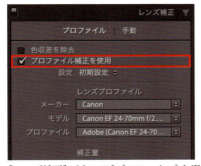

1-2 ［レンズ補正］パネルで［プロファイル］を選び、［プロファイル補正を使用］にチェックを入れます。

1-3 色味やトーンが多少強まり、また［プロファイル補正を使用］にチェックを入れたことで画面の明るさが均一になります。

::: STEP 2

## 朝をイメージさせる色温度にする

より暖かみのある画像にするため、［色温度］を調整します。数値を上げることで画像全体の印象がウォーム調になります。

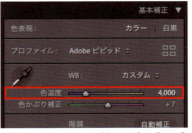

2-1 ［基本補正］パネルの［色温度］を［4000］にします。

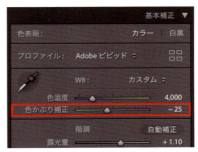

2-2 続けて［色かぶり補正］を［－25］として、少しグリーンを乗せます。

2-3 暗めなのでわかりにくいですが、色調が朝をイメージさせるブルー系に変わります。

163

::: STEP 3

## 適度な明るさに調整する

基本的な明るさ調整をします。[露光量]および[黒レベル]をプラス側に調整し、見栄えのよい明るさにします。

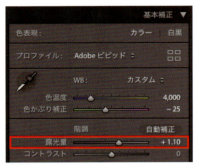

3-1 [露光量]を[+1.10]とします。

3-2 ディープシャドウをなくすために[黒レベル]を[+60]とします。

3-3 適度な明るさの画像になります。ここからさらに明るさ調整をもうひと工夫します。

::: STEP 4

## シャドウ階調をなくしハイキーにする

このSTEPはイメージ処理です。シャドウ階調を完全になくし、ハイキー調にすることで朝の明るい光をイメージさせます。

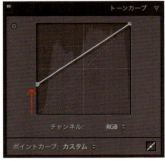

4-1 [トーンカーブ]パネルでまずカーブの左端を図のように持ち上げます。

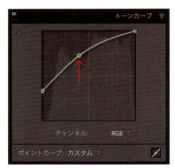

4-2 次にカーブの中央付近を図のように持ち上げます。

4-3 シャドウ階調がなくなり、ハイキーなイメージに変わります。

## STEP 5

### コントラストを弱めてやわらかな印象に

ハイキー調を強調するために［コントラスト］をマイナス調整します。ただ、ピントの芯を残すため［明瞭度］も併せて調整します。

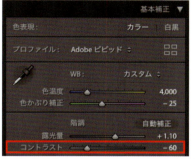

5-1　［基本補正］パネルの［コントラスト］を［-60］程度にします。

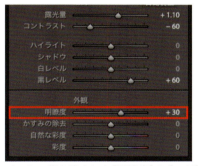

5-2　ピントの芯を残すため［明瞭度］を［+30］とします。

5-3　［コントラスト］のマイナス調整でメリハリ感が弱まり、ソフトな印象に変わります。

## STEP 6

### 色味をハッキリさせる

ハイキー調にしたこともあり色が薄くなったので、［自然な彩度］および［彩度］を適度にプラス調整して色味を補います。

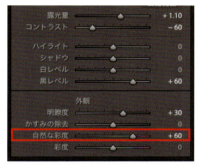

6-1　［基本補正］パネルの［自然な彩度］を［+60］とします。

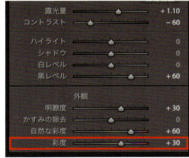

6-2　［彩度］を［+30］とします。

6-3　被写体の色が濃くなりイメージがハッキリすると同時に、弱まったブルー調のイメージも元に戻ります。

165

# 03
## 段階フィルターで空を部分補正する

雪山の風景をよりダイナミックな印象に変えます。[トーンカーブ]を使ったコントラストの調整や、[明暗別色補正]を使った階調別の色補正に加え、空の範囲を部分補正するために[段階フィルター]も使用します。

▶ 現像のポイント

写真の力強さを出す
**トーンカーブ** ➔ P.98
**明瞭度** ➔ P.89
**シャープ** ➔ P.108

ハイライトとシャドウを個別に補正する
**明暗別色補正** ➔ P.105

空を部分的に補正する
**段階フィルター** ➔ P.147

BEFORE

AFTER

::: STEP 1

## トーンカーブで
## コントラストを強める

作例は山岳写真でもあり、力強さを出したいのでコントラストを強めます。ここでは[トーンカーブ]を「S字」状に調整しています。

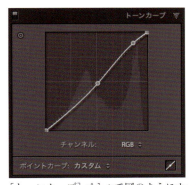

1-1 [トーンカーブ]パネルで図のようにカーブをS字状に描きます。ここでは中間調〜ハイライトにかけてコントラストが強まることを意識しています。

1-2 調整前の状態です。コントラストが低いため印象も弱めです。

1-3 コントラストを強めると、ハッキリとした印象に変わります。

::: STEP 2

## シャドウとハイライトの階調を出す

白い雪原のトーンが出るように[ハイライト]をマイナスに、黒い樹林のトーンが出るように[シャドウ]をプラスに調整します。

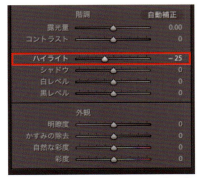

2-1 [基本補正]パネルの[ハイライト]を[-25]にします。

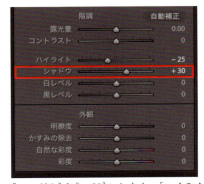

2-2 [シャドウ]を[+30]にします。[ハイライト][シャドウ]ともにSTEP1の[トーンカーブ]の設定とバランスを取ります。

2-3 雪原のトーン(階調、グラデーション)が見えやすくなり、シャドウが少々明るくなります。

::: STEP 3

## 明暗別色補正で色補正をする

ハイライト側にブルーをかけ、シャドウ側にアンバーをかけて色のグラデーションを作ります。[明暗別色補正]で調整します。

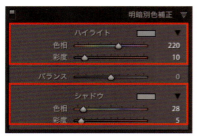

3-1 [明暗別色補正]パネルで図のように[ハイライト]と[シャドウ]を調整します。

3-2 スライダーで調整しにくい場合は、カラーチップをクリックすると現れるカラーパレットでも調整できます。

3-3 わずかですがハイライト側が青、シャドウ側がアンバー、それぞれの色が強まります。

::: STEP 4

## 輪郭や精細感を強調する

[明瞭度]で輪郭や精細感を強調します。ゴツゴツした岩の質感と樹林帯の輪郭がハッキリします。

4-1 [基本補正]パネルの[明瞭度]を[+30]程度にします。

4-2 [明瞭度]の調整前の状態です。もう少し岩の質感を際立たせたいところです。

4-3 [明瞭度]の調整後の状態です。岩の質感が際立ち、クッキリとします。

## STEP 5

### シャープを強める

山岳写真ということもあり、力強さをさらに強調するため、初期設定の状態より少しだけ[シャープ]を強めます。

5-1 [ディテール]パネルの[シャープ]欄の[適用量]を[45]程度にします。値が大きすぎると画質が荒れるので注意してください。

5-2 調整前の状態です。そこそこのシャープ感はありますが、もう少しだけ強調します。

5-3 調整後の状態です。シャープが強まり、画像の力強さが増したように感じます。

## STEP 6

### 段階フィルターで空をダイナミックにする

最後に[段階フィルター]を使って、少し暗く、かつコントラストを強めることで空をよりダイナミックに見せます。

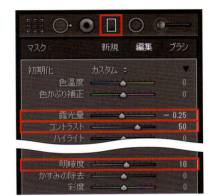

6-1 [段階フィルター]を選び、[露光量]を[−0.25]、[コントラスト]を[50]、[明瞭度]を[10]とします。

6-2 図のように少し斜めに上から下にドラッグし、[完了]ボタンをクリックします。

6-3 空の青が濃くなり、また雲の立体感も増して空がダイナミックな印象に変わります。

## 04 円形フィルターで楕円状に色と明るさを補正する

日本庭園に咲く梅の花。曇りの日の撮影ですが、その雰囲気を生かしてしっとりと仕上げます。しっとり感を出すには、色温度でアンバー系にし、さらに少し暗めにすると効果的です。また、梅の花は円形フィルターで明るさと色を調整して仕上げます。

> ● 現像のポイント
>
> しっとりとした雰囲気にする
>   **色温度** ● P.80
>   **彩度** ● P.92
>   **露光量** ● P.83
>
> 特定の色（緑）だけを補正する
>   **HSL** ● P.100
>
> 梅の花の明るさや色を部分補正する
>   **円形フィルター** ● P.148

BEFORE

AFTER

::: STEP 1
## 色合いや色味を強調する

補正前は少し青っぽいので、アンバー系に調整します。それにより和風建築に合うしっとりとした色合いになります。

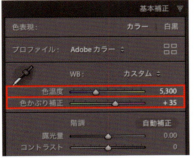

1-1　[基本補正]パネルで[色温度]を[5300]、[色かぶり補正]を[+35]にします。

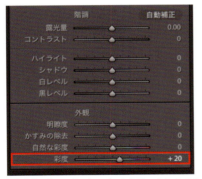

1-2　[彩度]を[+20]にして色味をはっきりさせます。

1-3　全体的な色味がアンバー系で、暖かみを感じさせる色調となります。

::: STEP 2
## 明るさとトーンを調整する

明るさやトーンを調整します。しっとり感を出すためにやや暗めにしつつも、シャドウ階調がきちんと見えるように調整します。

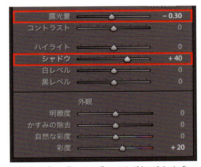

2-1　[露光量]を[-0.30]に下げながらも[シャドウ]を[+40]としてシャドウ階調を出します。

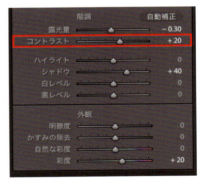

2-2　[コントラスト]を[+20]にして全体を軽く引き締めます。

2-3　全体的にやや暗くなりますが、きちんとシャドウの階調が残り、トーンは豊かです。

171

::: STEP 3

## HSLで緑の彩度を調整する

庭の緑がくすみ、色褪せて見えるため、生気が弱く感じます。まずは彩度を強めて色をハッキリさせます。

3-1　[HSL]パネルの[彩度]で[写真内をドラッグして彩度を調整]を選びます。

3-2　マウスを画像の緑の部分に合わせ上方にドラッグし、彩度を強めます。効果のムラが出ないように何カ所かでドラッグします。

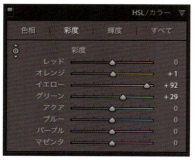

3-3　マウスの上下のドラッグに合わせて、対応する色のパラメーターが変化します。

::: STEP 4

## HSLで緑の色相を調整する

続けて[HSL]の[色相]にします。[色温度]の影響でくすんで黄色っぽくなった緑の色を[色相]の調整で元のような緑にします。

4-1　[HSL]パネルの[色相]で[写真内をドラッグして色相を調整]を選びます。

4-2　画像の緑の部分で上方にドラッグすると、黄色味が薄れ、緑が強くなります。

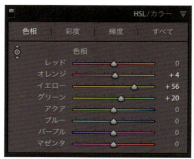

4-3　ドラッグした色に対応するパラメーターが変化します。

::: STEP 5

## HSLで緑の輝度を調整する

さらに続けて [HSL] の [輝度] を調整します。ここでは緑色をもう少し暗くして目立たなくします。

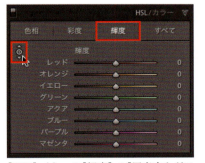

5-1 [HSL] パネルの [輝度] で [写真内をドラッグして輝度を調整] を選びます。

5-2 画像の緑の部分で下方にドラッグし、緑の色を少し暗めにします。

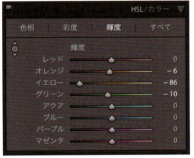

5-3 ドラッグに合わせて対応する色のパラメーターが変化します。

::: STEP 6

## 円形フィルターで梅の花を明るく、かつ色付かせる

[円形フィルター] を使って梅の花の部分を明るくした上で、マゼンタ系の色を乗せ華やかな雰囲気にします。

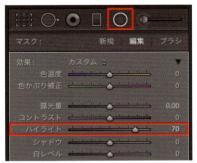

6-1 [円形フィルター] を選び、[ハイライト] を [70] にします。

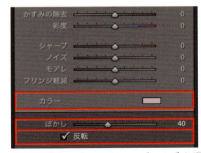

6-2 [カラー] をクリックしてマゼンタ系を選び、[ぼかし] を [40] 程度にし、[反転] にチェックを入れます。

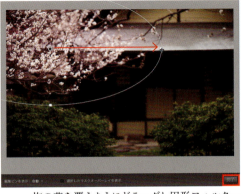

6-3 梅の花を覆うようにドラッグし円形フィルターを適用すると、その範囲が明るく、かつマゼンタ系に変わります。[完了] で確定します。

173

## CHAPTER 5

## 05 補正ブラシでスポット的に部分補正をする

空の青が飛ばないように、撮影後の現像も考慮し、あえて暗めに撮った写真です。ヒストグラム上は黒がつぶれておらず、十分に回復可能です。明るさを補正し、秋の印象が強まるように色も調整します。また、印象的な登山道になるように部分補正を行っています。

▶ 現像のポイント

アンダー目に仕上がったシャドウを起こす
**シャドウ** ➔ P.86
**トーンカーブ** ➔ P.98

特定の色（青）だけを補正する
**HSL** ➔ P.100

暗い階調を色補正する
**明暗別色補正** ➔ P.105

登山道だけを部分補正する
**補正ブラシ** ➔ P.150

BEFORE

AFTER

::: STEP 1

## 色温度や彩度を補正する

秋の紅葉の雰囲気を強調するために、[色温度]の調整でアンバーを強めます。また[彩度]も強めて色のりをよくします。

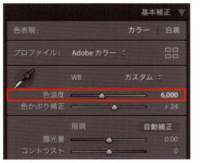

1-1 [基本補正]パネルで[色温度]を[6000]にします。

1-2 [自然な彩度]を[＋15]、[彩度]を[＋10]にします。色のりがよくなります。

1-3 全体的な色味がアンバー系で、暖かみを感じさせる色調となります。

::: STEP 2

## シャドウを起こしトーンを調整する

暗めに写っているシャドウ側の階調を明るくし、また中間調からハイライト側を明るくして抜けをよくします。

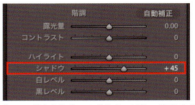

2-1 [シャドウ]を[＋45]として暗い部分を明るくします。

2-2 [トーンカーブ]パネルで図のようなカーブを描き、中間調からハイライト側を明るくします。

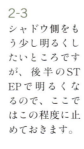

2-3 シャドウ側をもう少し明るくしたいところですが、後半のSTEPで明るくなるので、ここではこの程度に止めておきます。

### STEP 3

## HSLで空の青を印象的にする

［色温度］や［トーンカーブ］の調整の影響で右上の空の青の印象が弱まります。それを［HSL］で回復します。

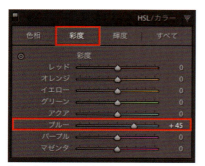

3-1 ［HSL］パネルの［彩度］で［ブルー］を［45］とします。

3-2 日本の空の青色とは印象が異なるので、［HSL］の［色相］で［ブルー］を［-10］とし、色相を少し緑側にズラします。

3-3 これまでの調整で弱まった空の青だけに注目した補正です。撮影時にマイナスの露出補正をした空の青色が回復します。

### STEP 4

## シャドウ側のアンバーを強める

シャドウ側、特に画面下1/3ほどの範囲を中心にもう少しアンバーを強めて、色のコクを強調します。

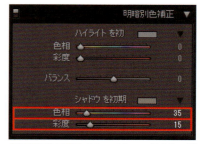

4-1 ［明暗別色補正］パネルの［シャドウ］の［色相］を［35］、［彩度］を［15］程度にし、シャドウ側のアンバーを強めます。

4-2 スライダーでの操作がわかりにくい場合は、カラーチップをクリックし、カラーパレットで色を拾うこともできます。

4-3 画面の下1/3を中心としたシャドウ側の階調でアンバーが強まります。

## STEP 5

### 補正ブラシで登山道をなぞる

[補正ブラシ]で登山道部分を明るくします。明るくした部分に視線が誘導されることで遠近感も生まれます。

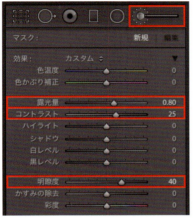

5-1　[補正ブラシ]を選び、[露光量][コントラスト][明瞭度]を図のような値にします。

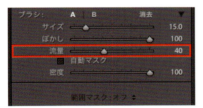

5-2　[補正ブラシ]の[ブラシ]欄の設定。特に[流量]は[40]とし、ドラッグの回数で効果の強さを調整できるようにしています。なお[サイズ]は目安です。

5-3　登山道の部分を1、2度ドラッグし明るくします。道に沿って明るさを強めることで視線を誘導し遠近感を生みます。[完了]ボタンで確定します。

## STEP 6

### ディテールをクッキリさせる

最後に葉や枝をクッキリとさせます。[明瞭度]で精細感を、[シャープ]でエッジの強さを補います。

6-1　[基本補正]の[明瞭度]を[+45]として細部をクッキリとさせます。これにより全体的にコントラストも強調されます。

6-2　[ディテール]パネルの[シャープ]を図のように調整し、エッジを強調します。

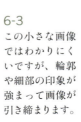

6-3　この小さな画像ではわかりにくいですが、輪郭や細部の印象が強まって画像が引き締まります。

177

## 06 都会の夜景写真をHDR調に仕上げる

都会の夜景は光源も多く、近未来的なイメージがあります。ここではHDR調に仕上げてみます。普通は段階露出した数枚の画像から仕上げますが、露出が破綻していなければ1枚のRAW画像からもそれなりのHDR調画像を得ることができます。

### ▶ 現像のポイント

色合いをクリアにする
- 色温度 ➡ P.80
- 色かぶり補正 ➡ P.81

HDR調にする
- 明るさ関連の各種パラメーター ➡ P.83〜P.88

色収差や色にじみを除去する
- フリンジ削除 ➡ P.121

BEFORE

AFTER

### ::: STEP 1

## 色温度を調整してクリアにする

ホワイトバランスの設定がズレているので、これを合わせます。ある程度好みの色合いにしてかまいません。

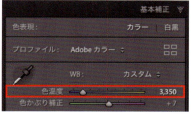

1-1 ［基本補正］パネルで［色温度］を［3350］にします。黄色かぶりが抑えられます。

1-2 ［色かぶり補正］を［0］にします。これは空の青さに注目した色補正です。

1-3 黄色の色かぶりが抑えられ、クリアな色合いに変わります。

### ::: STEP 2

## ハイライトやシャドウを使っていったん軟調にする

HDRのような効果を出すための準備として、コントラストの低い軟調な状態にします。

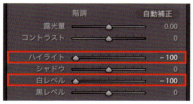

2-1 ［基本補正］パネルの［ハイライト］と［白レベル］をいずれも［－100］とします。

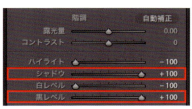

2-2 ［シャドウ］と［黒レベル］をいずれも［＋100］とします。

2-3 ［ハイライト］や［シャドウ］などの調整の結果、コントラストの低い軟調な画像に変わります。

179

::: STEP 3

## コントラストと明るさを調整する

[コントラスト]をプラス調整してメリハリ感を出し、[露光量]で好みの明るさにします。

3-1 [基本補正]パネルの[コントラスト]を[+100]としてメリハリ感を強めます。

3-2 [露光量]を[+0.30]として好みの明るさにします。

3-3 [コントラスト]を強めたことで軟調さが抑えられ、メリハリ感が出ます。

::: STEP 4

## 輪郭を強調する

細部の立体感を強調するのに[明瞭度]を、建物のクールさを強調するために[シャープ]を用います。

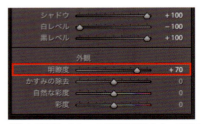

4-1 [基本補正]パネルの[明瞭度]を[+70]とします。

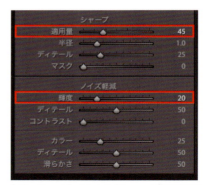

4-2 [ディテール]パネルの[シャープ]の[適用量]を[45]程度にし、また少しノイズ感が目立つので[ノイズ軽減]の[輝度]を[20]とします。

4-3 画像のディテールが引き締まり、クッキリとした画像に変わります。

::: STEP 5

## 色にじみを補正する

ビルの窓などに発生した色にじみや色収差を補正します。ここでは[フリンジ削除]を用います。

5-1 [レンズ補正]パネルの[手動]にある[フリンジ削除]のスポイト(フリンジカラーセレクター)を選びます(パラメーターは調整後のものです)。

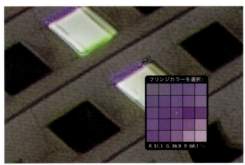

5-2 画像を拡大し、マゼンタや緑の色にじみが生じている部分をクリックします。

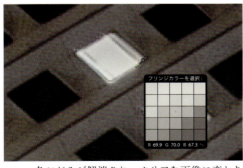

5-3 色にじみが解消され、クリアな画像に変わります。色にじみが解消されたら[完了]ボタンをクリックします。

::: STEP 6

## 左右下端の道路を暗くする

画像の左右下端の道路が明るく見えすぎるので暗くします。ここでは[周辺光量補正]を利用します。

6-1 [レンズ補正]パネルの[手動]にある[周辺光量補正]の[適用量]を[-45]、[中心点]を[35]とします。

6-2 調整前。画像下端左右の道路が少し明るく見えすぎます。

6-3 調整後。[周辺光量補正]をマイナス調整したことで画像の下端左右を含む四隅が暗くなり、そこに視線が奪われにくくなります。

## 07 暗い屋内の写真をきれいに仕上げる

洋館の内部と窓の外の景色の両方を写し込みたい風景ですが、たいがい屋内と窓の外の明るさが大きく異なります。そのような場合は、撮影時に窓の外の景色が飛ばないように露出を調整し、現像処理で暗い部分を明るくします。

▶ **現像のポイント**

シャドウを起こす
- 露光量 ➡ P.83
- シャドウ ➡ P.86
- 黒レベル ➡ P.88

白飛びしたハイライトの階調を出す
- ハイライト ➡ P.85
- 白レベル ➡ P.87

建物の角度やパースを補正する
- Upright ➡ P.124

BEFORE

AFTER

::: STEP 1

## レンズ補正でゆがみを補正する

このような建築物の場合、初めに[レンズ補正]でゆがみを補正しておきましょう。

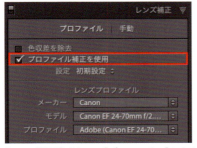

1-1 [レンズ補正]パネルの[プロファイル]にある[プロファイル補正を使用]にチェックを入れます。

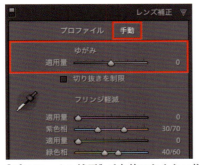

1-2 [プロファイル補正]が有効にならない場合は、[手動]の[ゆがみ]を使ってゆがみを補正してください。

1-3 [プロファイル補正]によってこの場合、画像の中央がふくらむ「樽型」のゆがみが補正されます。

::: STEP 2

## 縦横の水平やパースを補正する

次に画像の傾きやパースを補正します。写っている柱や窓の桟などに合わせてドラッグする[変形]の[ガイド付き]を使います。

2-1 [変形]パネルの[ガイド付き]を選び、パネル左上の[ガイド付き Upright ツール]をクリックします。

2-2 [ガイド付き Upright ツール]で、画像中の横の線に合わせて2カ所でドラッグします。これにより水平方向の補正がなされます。

2-3 画像中の縦の線に合わせて2カ所でドラッグします。これにより垂直方向の補正がなされます。[完了]で確定します。

183

## ⋮⋮⋮ STEP 3

### 不要物が隠れるようにトリミングする

STEP2の変形操作により、左側に中途半端に窓の桟が写り込んでいるのでそれをトリミングします。

3-1 ［フレーム切り抜きツール］を選び、［縦横比］は［元画像］とし、比率が変わらないように錠をロックします。

3-2 左右の窓の桟がギリギリ隠れる程度に［切り抜き］の枠を調整します。［完了］ボタンで確定します。

3-3 中途半端に写り込んでいた左右の窓の桟が切り抜かれます。

## ⋮⋮⋮ STEP 4

### 暗い屋内を明るくする

暗い屋内を明るくします。［露光量］だけでなく［シャドウ］や［黒レベル］も使います。

4-1 ［基本補正］パネルの［露光量］を［＋0.80］とします。

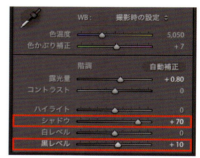

4-2 暗い部分を明るくするために［シャドウ］を［＋70］、［黒レベル］を［＋10］とします。

4-3 屋内が明るくなります。好みによって［シャドウ］をもっと強めに補正してもよいでしょう。

::: STEP 5

## 窓の外の青空の色を回復する

白飛び気味になった窓の外の空の明るさを補正します。また、全体的なトーンも調整しましょう。

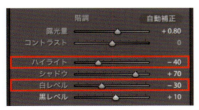

5-1　［基本補正］パネルの［ハイライト］を［-40］、［白レベル］を［-30］とします。これで窓の外の青空の色が戻ってきます。

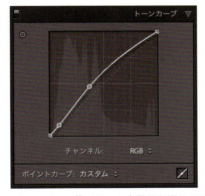

5-2　［トーンカーブ］パネルで全体的な明るさの印象を整えます。ここでは、中間調〜ハイライトを明るめにしています。

5-3　屋内がほどよい明るさになります。［トーンカーブ］は、他のパラメーターとの兼ね合いで調整してください。

::: STEP 6

## コントラストと色味を補う

各種の明るさ補正によってコントラストや色味が弱まったので、それらを補います。

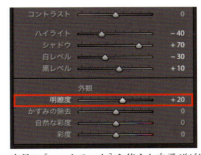

6-1　安易に［コントラスト］を使うと白飛びが出やすくなるので、［明瞭度］で代用します。［+20］とします。

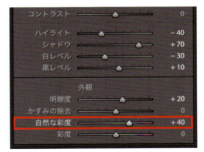

6-2　［自然な彩度］を［+40］として色の印象を強めます。

6-3　細部がクッキリ見え、ほどよく色がのったところで完成です。

# 08

CHAPTER 5

## 曇天のひまわり畑を真夏の雰囲気にする

真夏のひまわり畑の写真ですが、太陽が雲に隠れ日射しが弱いために「夏」のイメージがあまり感じられません。そこで、もっと「夏」が感じられるような写真に変えていきます。明るさ、色、そしてひまわりに対する部分補正などで仕上げます。

### ▶ 現像のポイント

夏の雰囲気を出す（色）
- **色温度** ➡ P.80
- **明暗別色補正** ➡ P.105

夏の雰囲気を出す（調子）
- **コントラスト** ➡ P.84
- **トーンカーブ** ➡ P.98

部分補正で日射しをイメージさせる
- **補正ブラシ** ➡ P.150

BEFORE

AFTER

::: STEP 1

## 画像を明るくする

[基本補正]パネルの[露光量]と[シャドウ]を使ってベースとなる明るさを作ります。

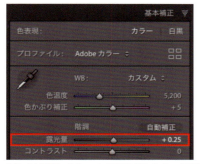

1-1 [基本補正]パネルの[露光量]を[+0.25]とします。雲の白飛びを防ぐため、やや弱めの補正に止めています。

1-2 次に[シャドウ]を[+70]とします。これによりひまわりがかなり明るくなります。

1-3 [シャドウ]の調整によってひまわりが明るくなりすぎた印象ですが、次のSTEPで調整します。

::: STEP 2

## コントラストを強めて夏の雰囲気に

夏の日射しをイメージさせるためにコントラストを強め、[トーンカーブ]で調子を整えます。

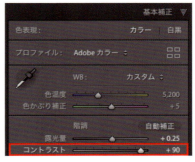

2-1 [基本補正]パネルの[コントラスト]を[+90]とします。

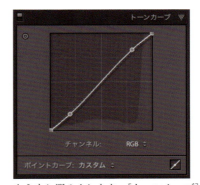

2-2 もう少し明るくします。[トーンカーブ]パネルでシャドウを抑えながらハイライトを少し持ち上げます。

2-3 STEP 1で明るくなりすぎたひまわりですが、[コントラスト]調整によって締まって見えるようになります。

## STEP 3

### 飛び気味の空や雲の階調を出す

明るさやコントラストの調整により薄らいでしまった空の雲や青の印象を回復します。

3-1　[基本補正]パネルの[ハイライト]を[-90]とします。

3-2　さらに[白レベル]を[-25]にします。

3-3　[ハイライト]と[白レベル]をマイナス調整したことで、雲のトーンや空の青色がはっきり見えるようになります。

## STEP 4

### ベースとなる夏の雰囲気作り

全体的な色味の補正を行います。ここでもやはり「夏」を感じさせるような雰囲気に仕上げます。

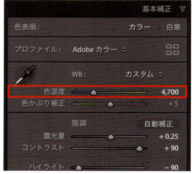

4-1　[基本補正]パネルの[色温度]を[4700]にして青みを強めます。

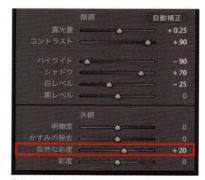

4-2　[自然な彩度]を[+20]にします。この調整では特に青空の青が濃くなります。

4-3　最初の状態に比べれば、この段階でもかなり夏をイメージさせます。ここからさらに手を加えていきます。

::: STEP 5

## 階調別に色補正する

[明暗別色補正]を使って空側とひまわり畑側を個別に色補正します。空側は青く、ひまわり畑側はアンバーにします。

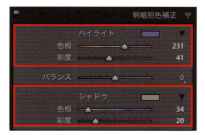

5-1 [明暗別色補正]で図のように[ハイライト]側は青く、[シャドウ]側はアンバーにします。

5-2 これは[ハイライト]だけを調整したものです。空の青が強まりより夏らしい印象に変わります。

5-3 [ハイライト]に加え[シャドウ]も調整したものです。[シャドウ]のアンバーは太陽の日射しをイメージさせます。

::: STEP 6

## 太陽光の印象を強める

強い太陽の光がひまわりに当たっているような雰囲気に仕上げます。[補正ブラシ]を使います。

6-1 [補正ブラシ]を選び、[色温度][露光量][コントラスト][シャドウ][明瞭度]を図のように設定します。

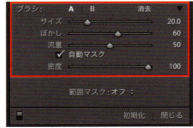

6-2 [ブラシ]の[サイズ]や[ぼかし][流量][密度]の設定例です。描画する部位によって[自動マスク]にチェックの有無を使い分けます。

6-3 ひまわりのアップとひまわり畑全体を数回ドラッグします。特にひまわりのアップには[自動マスク]を用いて花びらや茎、葉を丁寧にドラッグします。

## CHAPTER 5

## 09 山の風景写真をクリアで鮮やかにする

秋の紅葉の時期の谷川岳の写真です。撮影時にPLフィルターを使いコクのある色が出るようにしていますが、少々くすみがちな結果になりました。PLフィルターの効果を強めるようにもっと色鮮やかに、なおかつクリアな山の風景写真に仕上げていきましょう。

▶ 現像のポイント

黄色のにごりを抑える
　色温度 → P.80

主題を明確にする
　フレーム切り抜きツール → P.142

白や黒の階調をしっかり出す
　ハイライト → P.85
　シャドウ → P.86

画像をクリアに見せる
　明瞭度 → P.89
　かすみの除去 → P.90

BEFORE

AFTER

::: STEP 1

## プロファイル補正とトリミング

ゆがみを抑えるためにプロファイル補正を適用します。またトリミングしてダイナミックさを強調します。

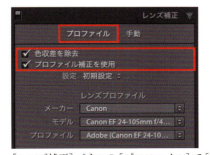

1-1 [レンズ補正]パネルの[プロファイル]で[プロファイル補正を使用]にチェックを入れ、ゆがみを補正します。併せて[色収差を除去]も利用しています。

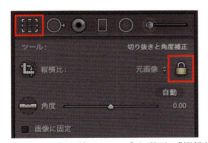

1-2 [フレーム切り抜きツール]を選び、[縦横比]を[元画像]にし、比率が変わらないように錠をクリックしてロックします。

1-3 [フレーム切り抜きツール]で上部と右側を隠すようにトリミングします。[完了]ボタンで確定します。

::: STEP 2

## 色味や彩度を調整する

少し黄色がかっているので[色温度]を調整し、さらに彩度関係のパラメーターで色味を強めておきます。

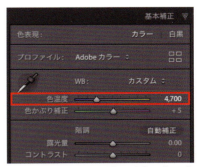

2-1 [基本補正]パネルの[色温度]を[4700]にします。黄色かぶりが抑えられクリア感が増します。

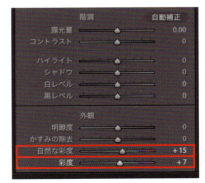

2-2 [基本補正]パネルの[自然な彩度]を[+15]に、[彩度]を[+7]にします。これで色が濃くなります。

2-3 全体的ににごりが取れ、また空や緑などの色も濃くなります。

191

## STEP 3

### ハイライトとシャドウの階調を出す

空の白っぽい部分や山肌の黒っぽい部分の階調を調整し、それぞれのトーンを豊かにします。

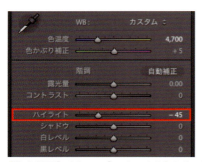

3-1　[基本補正]パネルの[ハイライト]を[-45]にします。これで特に空のトーンが豊かになります。

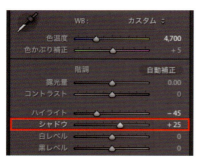

3-2　続けて[シャドウ]を[+25]にします。暗めだった山肌が少し明るくなります。

3-3　[ハイライト]と[シャドウ]の調整で全体のトーンが豊かになります。ただ、少しねむくなるので、それは次のSTEPで調整します。

## STEP 4

### コントラスト調整でメリハリ感を出す

山の写真らしい迫力を出すために[コントラスト]を調整します。また全体的な明るさも併せて調整します。

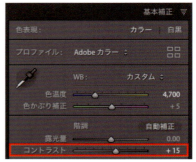

4-1　[基本補正]パネルの[コントラスト]を[+15]としてメリハリ感を強めます。

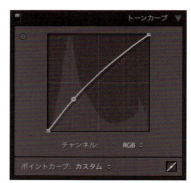

4-2　[コントラスト]の調整で少し暗めになるので[トーンカーブ]で図のようにカーブを操作し明るくします。

4-3　ここまでの調整で、適度な明るさがあり、メリハリの効いた画像になります。

::: STEP 5

## 精細感を増しつつ、遠景のクリア感を出す

ディテールがクッキリするように[明瞭度]を調整し、また[かすみの除去]でクリア感を演出します。

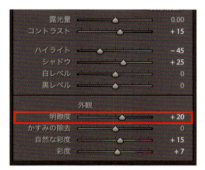

5-1 [基本補正]パネルの[明瞭度]を[+20]にします。細部のコントラストが強まり、画像が引き締まります。

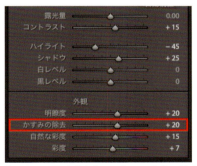

5-2 [かすみの除去]を[+20]にします。遠景の少しかすんで見える部分がクリアになります。

5-3 [明瞭度]と[かすみの除去]を適用したことで質感がハッキリし、クリアな画像に変わります。

::: STEP 6

## 部分補正で空を均一にする

最後に部分補正で画像左上の明るい部分を暗めにし、空の明るさをなるべく均一にします。

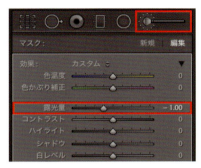

6-1 [補正ブラシ]を選び、[露光量]を[-1.00]にします。

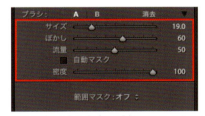

6-2 [補正ブラシ]の[ブラシ]欄はこのようにしています。[流量]を[50]程度にしておくと、ドラッグの回数で補正効果の強さをコントロールできます。

6-3 [補正ブラシ]で画像の左上をドラッグします。この範囲の空の明るさが他の部分の空の明るさと同じになるように調整します。

193

## CHAPTER 5

## 10 ノイズが目立つ夜景写真をきれいに仕上げる

手持ち撮影のためISO感度を高め（1600）に設定して撮った写真です。やや暗めに撮れてしまったので明るさを調整します。またホワイトバランスや彩度なども調整してコクのある夜景写真にします。最後に、明るく現像すると目立つノイズを軽減します。

▶ 現像のポイント

メリハリ感を出す
**コントラスト** ⇒ P.84

精細感や質感を出す
**明瞭度** ⇒ P.89

ワンクリックでホワイトバランスを補正する
**ホワイトバランス選択** ⇒ P.79

ノイズを目立たなくする
**ノイズ軽減** ⇒ P.112

建物を真っ直ぐにする
**垂直方向** ⇒ P.125

BEFORE

AFTER

::: STEP 1

## 明るめにしてシャドウ部が見えるようにする

全体的に暗い印象なので、建物の壁などがもう少し視認しやすくなるような明るさにします。

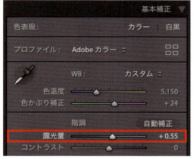

1-1 まずは[基本補正]パネルの[露光量]を[+0.55]にします。

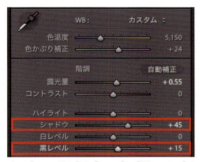

1-2 次に[シャドウ]を[+45]、[黒レベル]を[+15]にします。この調整で建物の壁などが明るくなります。

1-3 特にシャドウ部が見やすくなるように明るさを調整しています。

::: STEP 2

## メリハリ感や建物の質感を強調する

全体的に[コントラスト]でメリハリ感を出して引き締めます。また[明瞭度]で建物の質感を強めます。

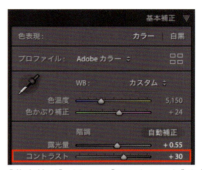

2-1 [基本補正]パネルの[コントラスト]を[+30]とします。値を強めすぎるとSTEP1で明るくしたシャドウがつぶれるので注意します。

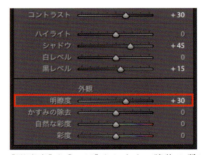

2-2 [明瞭度]を[+30]とします。建物の質感が強調されたり、ライトアップがより効果的に見えたりするようになります。

2-3 [コントラスト]と[明瞭度]をプラス調整したことで、元の光と相まって幻想的な雰囲気が醸し出されます。

::: STEP 3

## ワンクリックで
## ホワイトバランスを補正する

ホワイトバランスを調整します。[ホワイトバランス選択]で[色温度][色かぶり補正]を同時に調整します。

3-1 [基本補正]パネルの上部にある[ホワイトバランス選択]ツールを選びます。

3-2 画像中でもともと白いはずの被写体を見つけ出し、そこでクリックすると[色温度]と[色かぶり補正]が同時に調整されます。

3-3 ホワイトバランスを調整したことで、ノーマルな色調の夜景になります。

::: STEP 4

## 色が浅いのでしっかり色を乗せる

夜景写真にきらびやかさを出すひとつの方法は、色味を強めることです。[自然な彩度]と[彩度]を調整します。

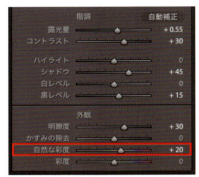

4-1 [基本補正]パネルの[自然な彩度]を[+20]とします。

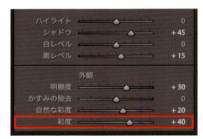

4-2 次に[彩度]を[+40]とします。夜景写真の場合[自然な彩度]より[彩度]の方が効果的です。

4-3 色味が強まったことで、夜景のきらびやかな印象が増してきます。

## STEP 5

## さらに味付けし、
## 建物を垂直にする

［明暗別色補正］でもう少し写真に化粧を施します。また建物を真っ直ぐにする処理をします。

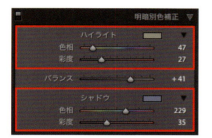

5-1 夜景写真を好みに味付け（化粧）します。［明暗別色補正］パネルで［ハイライト］でアンバー、［シャドウ］でブルーが強まるよう図のように調整します。

5-2 建物を真っ直ぐに立たせます。［変形］パネルの［垂直方向］をクリックすると、建物が真っ直ぐになります。

5-3 ほんのわずかの変形ですが、変形前と比べるとパースが抑えられてビルの存在感が強まります。

## STEP 6

## ノイズ軽減とシャープ処理を行う

最後に拡大すると気になるノイズ軽減の処理をします。またそれに伴って生じるねむさをシャープで補強します。

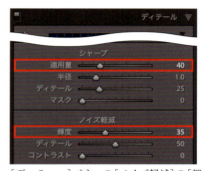

6-1 ［ディテール］パネルの［ノイズ軽減］の［輝度］を［35］にして輝度ノイズを抑えます。また［シャープ］の［適用量］を［40］にしてシャープさを回復します。

6-2 ［ノイズ軽減］の［輝度］と［シャープ］の［適用量］の調整前です。拡大するとザラつきが目立ちます。

6-3 調整後はザラつきが目立たなくなりました。ノイズは大きくプリントすると目立つので、必要に応じてノイズ軽減処理を行ってください。

## 11 透明感のある肌が印象的なポートレート写真

女性のポートレート写真です。撮影時にもなるべくきれいに写るように心がけますが、現像調整を施すことで、その印象をさらに引き上げることができます。ここでは、色味や明るさの調整の他、ライティングのイメージ作りや透明感のある肌補正などを行っています。

▶ 現像のポイント

明るめにして健康的なイメージにする
　露光量　→ P.83

ライティングを演出する
　段階フィルター　→ P.147
　円形フィルター　→ P.148

透明感がありソフトに見える肌にする
　補正ブラシ　→ P.150

BEFORE

AFTER

::: STEP 1

## トリミングして顔をアップにする

画像の右上に中途半端に背景が写り込んでいるので、これをトリミングでカットします。

1-1 ［フレーム切り抜きツール］を選び、［縦横比］を［元画像］にします。また、錠をクリックして鍵をロックし、比率を固定します。

1-2 画像の右上が隠れるようにトリミングの枠を調整し、［完了］ボタンで確定します。

1-3 トリミング後の状態。右上の余分な背景が隠れ、スッキリとした構図になります。

::: STEP 2

## 暖かみのある色調に調整する

撮影時の光源の影響で画像が青っぽいので、アンバー系の暖かみのある色調に調整します。

2-1 ［基本補正］パネルの［色温度］を［5500］にします。アンバー系の色調にする操作です。

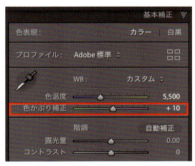

2-2 次に［色かぶり補正］を［+10］とします。少しマゼンタを強めています。

2-3 肌色の再現をメインに考えての色補正です。黄色が強く感じるかもしれませんが、以降の設定で明るさ補正を行い、ちょうどよい具合になります。

::: STEP 3

## 画像全体を明るめにして健康的にする

やや暗いので明るくします。また髪の毛のディテールを見せるために［シャドウ］も調整します。

3-1　［基本補正］パネルの［露光量］を［＋0.35］にします。画像が明るめになります。

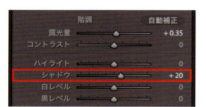

3-2　［シャドウ］を［＋20］にします。これで髪の毛のディテールなどが見やすくなります。

3-3　［露光量］と［シャドウ］をプラス補正したことで明るくやわらかな印象に変わります。

::: STEP 4

## 段階フィルターで背景を明るくする

画像の左側の背景から光が差し込んでいるようなイメージを［段階フィルター］で作ります。

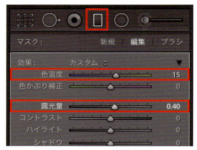

4-1　［段階フィルター］を選び、［色温度］を［15］、［露光量］を［0.40］にします。

4-2　［段階フィルター］の適用前の状態です。背景が少し暗めです。

4-3　［段階フィルター］で左上から顔に向けてドラッグします。これで暖かみのある明るい背景に変わります。［完了］ボタンで確定します。

### ⁞⁞⁞ STEP 5
## 円形フィルターで
## 顔にハイライトを描く

顔にも適度なライトが当たっているような雰囲気にしましょう。[円形フィルター]を用います。

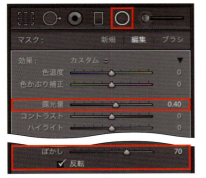

5-1　[円形フィルター]を選び、[露光量]を[0.40]にします。また[ぼかし]を[70]、[反転]にチェックを入れます。

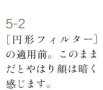

5-2　[円形フィルター]の適用前。このままだとやはり顔は暗く感じます。

5-3　[円形フィルター]で顔を覆うようにドラッグします。顔が明るく華やかになり、また顔の明るさにグラデーションができ立体感も生まれます。[完了]ボタンで確定します。

### ⁞⁞⁞ STEP 6
## 補正ブラシで
## 透明感のある肌にする

最後に、ソフトで透明感のある肌に仕上げましょう。ファンデーションを塗るようなイメージです。

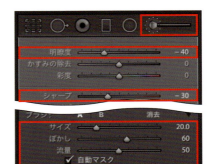

6-1　[補正ブラシ]を選び、[明瞭度]を[-40]、[シャープ]を[-30]にします。[サイズ][ぼかし][流量][密度]は図を参考にしてください。

6-2　[補正ブラシ]の適用前。肌のきめが多少見えすぎているという印象でしょうか。

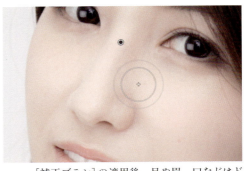

6-3　[補正ブラシ]の適用後。目や眉、口などはドラッグせず、肌をドラッグしています。ソフトで透明感のある肌に仕上がります。

201

# 12
## 範囲マスクを使って高度な部分補正を行う

下から見上げたレインボーブリッジですが、橋の下側が暗いため見栄えがいまひとつです。そこで[段階フィルター]と[範囲マスク]を使って、部分補正の範囲の中でさらに部分補正を行います。[範囲マスク]は[円形フィルター]や[補正ブラシ]でも利用可能です。

▶ 現像のポイント

画像を水平にする
　角度補正　⇒ P.143

部分補正の範囲の中で影響を受ける輝度や明るさを限定する
　段階フィルター　⇒ P.147
　範囲マスク　⇒ P.149

ノイズを目立たなくする
　ノイズ軽減　⇒ P.112

BEFORE

AFTER

::: STEP 1

## 画像を水平にする

画像が少し右に傾いているので補正します。[角度補正ツール]を利用すると簡単に修正できます。

1-1 ［切り抜きと角度補正］パネルにある［角度補正ツール］を選びます。

1-2 ［角度補正］で水平線に沿ってドラッグします。画像を大きく表示した状態で操作すると精度が高くなります。［完了］ボタンで確定します。

1-3 およそ−0.9度ほどの角度補正ですが、風景写真では水平を出すと安定感が増します。

::: STEP 2

## メリハリ感を出しシャドウを起こす

ベース補正として画像の全体的なトーンや明るさ調整をします。［コントラスト］と［シャドウ］を使います。

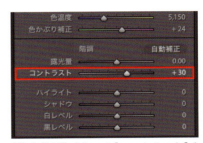

2-1 ［基本補正］パネルの［コントラスト］を［＋30］として、メリハリ感を出します。

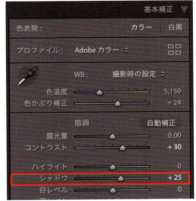

2-2 次に暗い部分を明るくするために［シャドウ］を［＋25］とします。

2-3 シャドウ部が明るくなった状態でメリハリ感が出て、画像が締まって見えるようになります。

### ⋮⋮⋮ STEP 3

## 橋の下側の暗い部分を
## 明るくする

［段階フィルター］とそれに付随する［範囲マスク］を使って橋の下側だけを明るくします。まずは［段階フィルター］を使います。

3-1　［段階フィルター］を選び［露光量］を［1.00］、［コントラスト］を［30］、［シャドウ］を［30］に設定し、橋の傾きに合わせてドラッグします。

3-2　［段階フィルター］の青空への影響を極力減らします。［範囲マスク］で［輝度］を選び、［範囲］を［0/40］、［滑らかさ］を［50］に設定すると、橋への効果を残したまま、空への影響を減らすことができます。

### ⋮⋮⋮ STEP 4

## 橋の下側を色補正する

STEP3と同じ要領で色補正をします。STEP3で一緒に色補正するとうまく仕上がらないので、別工程にしています。

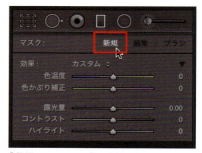

4-1　［段階フィルター］の［新規］ボタンをクリックします。

4-2　他のパラメーターは［0］として図のように［カラーパレット］でアンバー系の色を指定します。

4-3　橋の傾きに合わせて図のように上下にドラッグします。この段階では、橋だけでなく青空にもアンバーがかかるため、少しくすんだ印象になります。

## STEP 5

### 範囲マスクで
### 補正の範囲を限定する

STEP4の続きです。［段階フィルター］の効果が青空に影響しないように範囲を指定します。

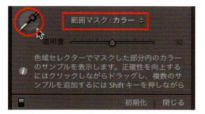

5-1　［段階フィルター］のパネルの下にある［範囲マスク］を［カラー］にして［色域セレクター］を選びます。

5-2　補正したい色、つまり橋の下側部分でいったんドラッグします。

5-3　shiftキーを押しながら別の数箇所でもドラッグします。これで橋には補正効果が十分に残りながら、青空部分への［段階フィルター］の補正の影響が少なくなります。［完了］で確定します。

## STEP 6

### 明るくなった青空の輝度を落とす

STEP4で空が少し明るくなりました。空の明るさを少し暗めに調整し、深みのある空の青色にします。

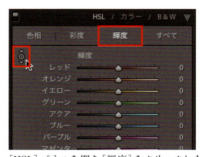

6-1　［HSL］パネルを開き［輝度］をクリックします。また［写真内をドラッグして輝度を調整］を選びます。

6-2　画像の空にマウスを合わせ下方にドラッグすると、青い色の輝度が下がり暗くなります。適度に空が暗くなったところでマウスを離します。［完了］ボタンで確定します。

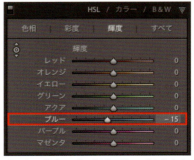

6-3　結果的に［ブルー］の輝度が［−15］となりました。

::: STEP 7

## 明瞭度を高めて立体感を出す

橋や建物の立体感を強調します。そのような補正に効果的なのが［明瞭度］です。

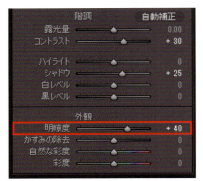

7-1　［基本補正］パネルの［明瞭度］を［+40］にします。

7-2　［明瞭度］の調整前の状態です。ピントは合っていますが、もう少し解像感や立体感がほしいところです。

7-3　［明瞭度］の調整後の状態です。建物の細部や輪郭が引き締まり、解像感、立体感が高まります。

::: STEP 8

## ノイズ軽減とシャープ処理を行う

最後に少々気になるノイズを抑えます。またノイズ軽減で低下するシャープ感を補って仕上げとします。

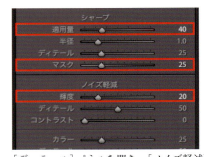

8-1　［ディテール］パネルを開き、［ノイズ軽減］の［輝度］を［20］として、ザラつきを抑えます。多少ねむくなるのを回復するため［シャープ］の［適用量］を［40］、［マスク］を［25］とします。

8-2　［シャープ］と［ノイズ軽減］の調整前。シャドウ部で若干ノイズが目立ちます。

8-3　［シャープ］と［ノイズ軽減］の調整後、シャープ感が強まる一方、ノイズ感が弱まっています。

CHAPTER 6

# マップモジュール

## CHAPTER 6

## 01 地図と撮影位置を表示する

[マップ] モジュールでは、位置情報（「GPS情報」、あるいは「ジオタグ」という）が埋め込まれている画像を地図に表示することができます。位置情報はGPS機能が内蔵されたカメラや、オプションのGPS機器を利用するなどして画像に埋め込まれます。

### 01　[マップ] モジュールで撮影場所を表示

位置情報が埋め込まれた画像であれば、そのまま [マップ] モジュールで撮影場所を表示することができます。位置情報が埋め込まれた画像には図1のマークが付いています。まずは [ライブラリ] モジュールで位置情報を持つ画像やそのフォルダーを選択し、次に [マップ] モジュールに切り替えます。なお、[マップ] モジュールを利用するには、パソコンがインターネットに接続されていることが条件です。フィルムストリップで位置情報の付いた画像をクリックして選択すると、地図に撮影場所が表示されます。地図の表示形式は「ロードマップ」「ハイブリッド」などありますが、図2は [地形] という表示形式です。

地図に表示される、赤いマーカーはフィルムストリップで未選択の画像を示し、黄色のマーカーは選択されている画像を示します。また、数字が書いてあるものはグループ化された状態を示し、その位置にその数だけ写真があることを示しています。ただし地図の縮尺を変えると、グループ化の状態が変わるため、数値も変わります。

図1　位置情報が埋め込まれた画像にはこのマークが付く。[マップ] 以外のモジュールでこのマークをクリックすると、[マップ] モジュールに切り替わる

図2　[マップ] モジュールで画像を選ぶと、付近の地図とその撮影場所が表示される

## 02 地図上で写真（マーカー）を操作する

地図上のマーカーをクリックすると、フィルムストリップで該当する写真がアクティブになります（**図3**）。また小さな画像ウィンドウが表示されます。その位置に複数の画像がある場合は、画像ウィンドウをブラウズして、その他の画像を表示させることができます。

［場所フィルター］を使うと、条件によって画像をフィルタリング表示（絞り込み表示）できます。たとえば**図4**は［マップ上に表示］を選んだ状態です。これは地図にマーカーが表示されている画像だけを、フィルムストリップに表示します。その他、［タグ付き］［タグなし］というのは位置情報の有無で画像をフィルタリング表示し、［なし］はフィルタリングをしません。

地図の右下に現れる［マップキー］が邪魔な場合は非表示にすることができます（**図5**）。［表示］メニューの［マップキーの表示］を選ぶたびに、マップキーは表示・非表示を繰り返します（**図6**）。

**図3** マーカーにマウスを合わせると画像が表示され、クリックすると該当する画像が選択される

**図4** ［場所フィルター］の［マップ上に表示］を選ぶと、地図上にマーカーのある画像だけがフィルムストリップに表示される

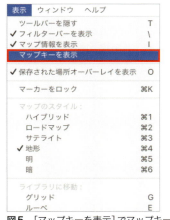

**図5** ［マップキーを表示］でマップキーの表示・非表示が切り替えられる

**図6** ［マップキー］を非表示にした状態

## 02 画像に位置情報を添付する

位置情報が埋め込まれていない画像に対して、[マップ]モジュールの機能で画像に位置情報を添付することができます。ただし、これはRAW画像への情報の「添付」で、埋め込みにはなりません。

### 01 位置情報を添付したい画像を選択

最初に位置情報を添付したい画像を選びます。[マップ]モジュールのフィルムストリップでもよいのですが、[ライブラリ]モジュールを使うと画像を一覧でき、操作しやすいでしょう。ここでは[ライブラリ]モジュールで画像を選択しました（図1）。

次に[マップ]モジュールに切り替え、画像の撮影場所を地図をスクロールして表示します（図2）。

図1　位置情報を添付したい画像を選択する

図2　[マップ]モジュールで撮影場所を表示する

## 02 画像を地図上にドラッグ＆ドロップ

画像に位置情報を添付することは簡単です。フィルムストリップから、1枚または複数の画像をまとめて、地図上の撮影場所のポイントにドラッグ＆ドロップします（**図3**）。すると、画像に位置情報が関連付けられます（**図4**）。マーカーを自由に動かして位置の再指定ができます。なお、この方法による位置情報の追加は、Lightroom上で画像に関連付けられるだけで、RAW画像には埋め込まれません。関連付けた位置情報を他のアプリケーションでも利用したい場合、画像を選んでctrlキー（Macではcommandキー）+Sキーを押して、xmpファイルとしてメタデータを保存する必要があります。なお、JPEGやTIFFの場合は、同様の操作によって位置情報が画像ファイルに書き込まれます。

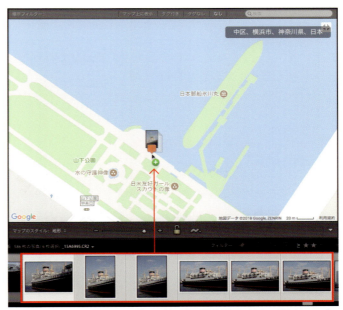

**図3** 位置情報を添付したい画像を、地図上の該当位置にドラッグ＆ドロップ

**図4** 画像に位置情報が添付される

# 03 マイロケーション

CHAPTER 6

任意の場所を［マイロケーション］として登録しておくと、地図の表示とそれに伴う写真の表示を素早く行うことができます。

## 01 マイロケーションを作成

［マイロケーション］を作成するには、まず該当する地域を地図に表示ます。次に［保存された場所］の ⊕ をクリックし（**図1**）、［新規場所］に場所の名前を入力し、その半径を指定して［作成］ボタンをクリックします（**図2**）。

以上の操作で［マイロケーション］が作成されます。作成された［マイロケーション］の中央のポイントでマイロケーションの位置を、円周部のポイントで範囲を示す半径を、それぞれ変更することができます（**図3**）。

**図1** ［保存された場所］の ⊕ をクリック

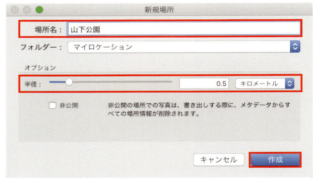

**図2** ［保存場所］で場所名を入力し、半径を指定する

**図3** ［マイロケーション］が作成される。この円は中心をドラッグして移動したり、円周部のドラッグでサイズを変更したりできる

## 02 マイロケーションを利用する

［マイロケーション］内に画像をドラッグ＆ドロップして、画像に位置情報を添付します。ここでは6枚の画像をドラッグ＆ドロップしています（**図4**）。［マイロケーション］の［山下公園］内に登録した画像の数が表示（**図5**では6）されます。

以降、［マイロケーション］のリストの ▶ をクリックすることで、素早くこの地図を表示し、この位置に登録されている画像を見つけ出すことができるようになります。なお、［マイロケーション］と画像の位置情報はリンクしていないため、［マイロケーション］を移動して画像が範囲外になると、［マイロケーション］にはカウントされなくなり、検索もできなくなります。また、作成した［マイロケーション］はリストの ● で削除できます。

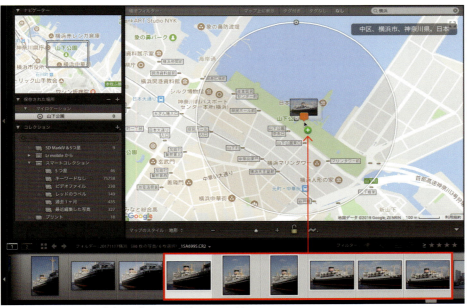

**図4** ［マイロケーション］内に画像をドラッグ＆ドロップする

**図5** ［マイロケーション］のリストの ▶ をクリックするとその場所が表示される。
またマーカーをクリックすれば画像が表示される

# 04 マップモジュールのその他の機能

［マップ］モジュールは、シンプルなモジュールです。画像のドラッグ＆ドロップや、地図上でマーカーをクリックするといった操作がほとんどです。撮影場所を管理することで、撮影場所の特定が容易になるなどのメリットがあります。

## 01 画面構成

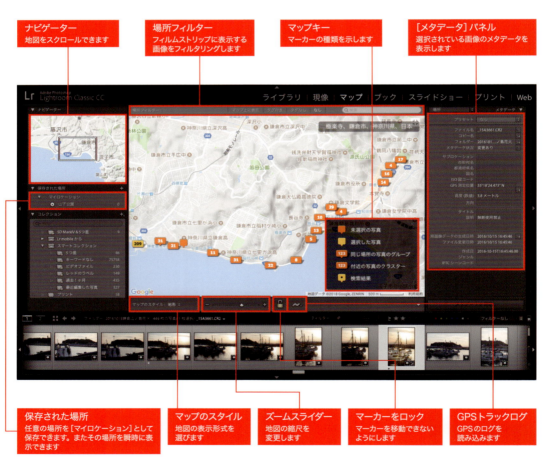

図1　［マップ］モジュール

## 02 位置情報の削除

画像に添付された位置情報を削除するには、マーカーか［フィルムストリップ］の画像を選んで右クリックし、メニューから［GPS測定位置を削除］を選びます（**図2**）。そのマーカーに画像が複数登録されている場合、位置情報を削除するのは1枚かすべてかを確認して（**図3**）、いずれかを選んで削除します。

また、［メタデータ］パネルの［GPS測定位置］欄を空白にすることでも位置情報を削除できます。

**図2** ［GPS測定位置を削除］を選ぶ

**図3** 複数画像がある場合は、1枚かすべてかを選ぶ

**図4** マーカーが消え、またサムネールからも位置情報があることを示すマークが消える

## 03　複数画像の位置情報をそろえる

地図の縮尺を大きくし、複数の画像を持つマーカーを右クリックすると［すべてを同じGPS測定位置に設定］というメニューが現れることがあります（図5）。これは、多少の異なる位置情報を持つ画像に対し、同じ位置情報にそろえたい場合に利用します。他所の位置のズレで異なる複数のマーカーが表示される煩わしさを解消できます。なお、この機能は位置情報が埋め込まれたRAW画像には無効です。

図5　撮影位置をそろえてマーカーを1つにまとめることができる

## 04　トラックログを利用する

独立型のGPS機器などを用いて取得したトラックログ（時間と位置情報が記録されたデータ）がある場合、トラックログを利用して画像に位置情報を添付することができます。

最初に［GPSトラックログ］ボタンをクリックして画像を撮った日に取得したトラックログを読み込みます（図6、図7）。

次に、フィルムストリップで画像を選択し、［トラックログ］ボタンのメニューから［選択した〜〜枚の写真に自動タグ付け］を選ぶと（図8）、画像の撮影時間とトラックログの時間と位置情報を付き合わせて、画像に位置情報を添付します（図9）。

なお、RAWに関連付けた位置情報を他のアプリケーションでも利用したい場合は、画像を選んでctrlキー（Macではcommandキー）+Sを実行し、xmpファイルとしてメタデータを保存する必要があります。

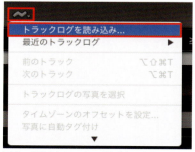

図6　［GPSトラックログ］ボタンをクリックし、［トラックログを読み込む］を選ぶ

図7　トラックログが読み込まれる

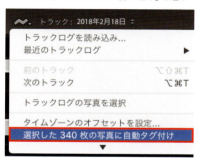

図8　フィルムストリップで画像を選び、［選択した〜〜枚の写真に自動タグ付け］を選ぶ

図9　写真に位置情報が添付される

CHAPTER 7

# ブックモジュール

## CHAPTER 7

# 01 写真集作成の流れ

［ブック］モジュールは、写真集を作るためのモジュールです。写真集の形式には［Blurb］［PDF］［JPEG］の3種類があります。ここではPDF形式で写真集を作成する流れを示します。なお［Blurb］は米国のオンデマンドプリントサービスです。日本からの利用も可能ですが、日本語は使えません。

### 01　［ブック］モジュールを表示する

ここでは写真集の作成例を挙げます。初めに［ライブラリ］モジュールで、写真集に使いたい画像を選んでおきます。写真の順序などを意識し、ある程度並べ替えを行っておくといいでしょう。

次にモジュールピッカーで［ブック］を選択して、［ブック］モジュールに切り替えます。自動レイアウトされるので［ブックを消去］ボタンをクリックして、レイアウトを初期化します。続いて［ブック設定］パネルで大きさや体裁、画質などを設定します。ここでは［ブック］を［PDF］形式、［サイズ］は［正方形（小）］、［カバー］は［ハードカバー（画像ラップ）］、［JPEG画質］は［100］にそれぞれ設定しました（図1）。

また、このあとページを追加するので、全体が見やすいよう［複数ページ表示］ボタンをクリックし、［サムネール］のスライダーでサムネールサイズを調整します。

図1　［ブック］モジュール

## 02　ページを追加し、画像を配置する

［ページ］パネルの［ページを追加］ボタンで必要な分だけページを追加します。なお、濃いグレーで表示されている部分は、利用できないページです。

ページを追加したあと、画面下のフィルムストリップから画像をページにドラッグ＆ドロップして、ページに画像を配置します（**図2**）。

ページに配置した写真を取り替えたい場合、フィルムストリップから別の画像をドラッグ＆ドロップします。また、ページから画像を削除したい場合は、ページを選んでdeleteキー（backspace）を押します。

図2　ページを追加し、画像を配置する

## 03　レイアウト変更する

ページをクリックすると現れるスライダーをドラッグすると、画像の大きさを調整できます（**図3**）。画像をドラッグすると、画像の位置を調整できます（**図4**）。

また、ページ内の写真の配置面積は画像の表示範囲を意味する［セル］パネルの［間隔］で上下左右のマージンを指定することで調整できます（**図5**、**図6**）。

各ページ右下の▼の［ページレイアウトを変更］ボタンをクリックして、用意されているレイアウトを選ぶこともできます（**図7**）。**図8**は、［2枚の写真］から1ページに2枚の写真が並ぶレイアウト、**図9**は［2ページスプレッド］から見開き全面に写真が配置されるレイアウトを選択したものです。

図3　画像の大きさの調整

図4　画像の位置の調整

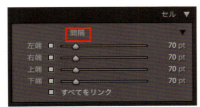

図5　［セル］パネルの［間隔］でマージンを指定できる

図6　［間隔］を調整して［セル］を小さくしたところ

219

図7　[ページレイアウトを変更]ボタンをクリックして用意されているレイアウトを選択

図8　[2枚の写真]から縦並びのレイアウトを選択

図9　[2ページスプレット]から見開き全面のレイアウトを選択

## 04 不要なページを削除する

最後にページが余ったら、そのページを選んで右クリックし[ページを削除]を選びます（**図10**）。最終ページでページを削除すると、写真を配置できない濃いグレーの表示になります（**図11**）。

図10　余った最後のページを選んで右クリックし、[ページを削除]をクリック

図11　ページが削除され、濃いグレーになる

## 05 文字を入力・配置する

文字を入力するには[写真テキストを追加]をクリックし（**図12**）、文字を入力します（**図13**）。細かな作業になるので[1ページ表示]でページを拡大して作業するとよいでしょう。

文字枠の位置は[テキスト]パネルの[ページのテキスト]の[オフセット]で調整したり、枠自体をドラッグしたりします。[種類]パネルではフォントの種類や大きさなどを指定可能です。

図12　[1ページ表示]ボタンで1ページ表示にし、[写真テキストを追加]をクリック

図13　枠内に文字を入力する。[種類]パネルでフォントの種類やサイズなどを指定できる

## 06 ブックを保存する

作業が終わったら［保存ブックを作成］ボタンをクリックし、写真集の体裁や内容を保存します（**図14**）。［ブックを作成］画面で名前を入力し［作成］ボタンをクリックします（**図15**）。［コレクション］に保存したブック名が表示され（**図16**）、以降、［ブック］モジュールでこのコレクションをクリック（または他のモジュールでダブルクリック）すると、保存したブック（写真集）が呼び出されます。

**図14** 作業が終わったら［保存ブックを作成］する

**図15** ［ブックを作成］画面で名前を入力して［作成］する

**図16** 保存したブックが［コレクション］パネルに表示される

## 07 PDFとして書き出す

レイアウトや文字の入力などを終えたら［ブックをPDFに書き出し］ボタンをクリックして、PDFとして書き出します（**図17**）。カバーの有無によって、カバー用のPDFと本文のPDFが2つ作成されることもあります。作成されたPDFを家庭用プリンターでプリントして手作業で製本したり、出力センターなどで印刷・製本を依頼したりします。

**図17** PDFとして書き出す

# CHAPTER 02
## 画面構成とパラメーター

［ブック］モジュールでは、写真集の体裁を整えたり、ページを追加したり、写真のレイアウト作業を行ったりすることができます。ここでは、画面構成およびさまざまな設定と機能を確認します。

### 01 画面構成

モジュールピッカーで［ブック］をクリックすると、［ブック］モジュールに切り替わります。［ブック］モジュールは図1の通り構成されています。図1は［ブック］の形式に［PDF］を選んだ場合のものです。

図1　［ブック］モジュール

## 02 ブック設定

[ブック設定]パネルでは、写真集のファイル形式や、サイズ、カバーの種類、画質などを設定します。

### ◉ ブック
作成する写真集のファイル形式を[Blurb][PDF][JPEG]から選びます。ただし、[Blurb]は日本語はサポートされていません。

### ◉ サイズ
サイズを選びます。正方形(小)、縦(標準)、横(標準)、横(大)、正方形(大)の5種類です。

### ◉ カバー
4種類あります。[カバーなし]を選ぶと、表紙がなくなります。[ハードカバー]の2種のいずれかを選んだ場合は束(背表紙)ありになります。[ハードカバー(ブックカバー)]を選ぶと表紙の折り返し(そで)が作成されます。[ソフトカバー]は背表紙なしになります。

### ◉ JPEG画質
画像の画質を調整します。値が大きいほど高画質になります。

### ◉ カラープロファイル
画像の色域を指定します。通常は[sRGB]か[AdobeRGB]を選べばよいでしょう。

## 03 自動レイアウト

[自動レイアウト]パネルでは、選択している画像を自動的にページに配置します。プリセットで用意されているレイアウトの他、レイアウトをカスタマイズすることもできます。

### ◉ プリセット
3つのメニューからレイアウトを選ぶ以外、[自動レイアウトのプリセットを編集]を選んで(**図3**)、レイアウトをカスタマイズすることができます(**図4**〜**図7**)。

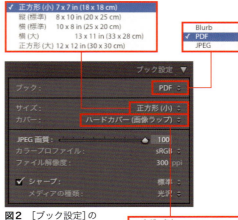

**図2** [ブック設定]の設定画面

### ◉ ファイル解像度
数値が大きいほど高精細な印刷が期待できますが、通常は300〜350ppiに設定します。

### ◉ シャープ
画像にシャープ処理を施します。[弱][標準][強]のいずれかを選びます。また、併せて[マット]か[光沢]の用紙の種類も選びます。

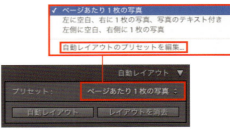

**図3** [自動レイアウト]パネル

### ◉ [自動レイアウト][レイアウトを除去]
[自動レイアウト]ボタンをクリックすると、選んだプリセットに応じて、レイアウトが作成されます。自動レイアウトをし直す場合[レイアウトを除去]ボタンをクリックします。

**図4** [ページあたり1枚の写真]を選んだ場合

**図5** [左側に空白、右に1枚の写真、写真のテキスト付き]を選んだ場合

図6 ［左側に空白、右に1枚の写真］を選んだ場合

図7 ［自動レイアウトのプリセットを編集］を選ぶと、指定したレイアウトに名前を付けて保存しておける

## 04 ページ

［ページ］パネルでは、［ページ番号］を配置するかどうかを指定したり、ページや空白ページを追加したりします。追加するページのレイアウトを選ぶこともできます。

### ● ページを追加、空白を追加

選択しているページの後ろに新規ページや空白ページを追加します。ページが選択されていない場合は、ブックの末尾に新規ページや空白のページが追加されます。

### ● ページレイアウトの追加

［ページ］パネルにある▼ボタンをクリックすると［ページを追加］メニューが現れ、追加するページのレイアウトを選ぶことができます。なお、画面表示領域でも、ページを選択している際に▼ボタンをクリックすると、同様の［ページを変更］メニューが表示され、選択しているページのレイアウトが変更できます。

図8 ［ページ］パネル

図9 ページの追加前の状態

図10 ［ページを追加］をクリックしたところ。選択していたページの後ろにページが挿入される

図11 ［空白を追加］をクリックしたところ。空白には写真を配置することはできない

図12 ［ページを追加］画面でレイアウトの種類を選ぶことができる

### 05 ガイド

[ガイド]パネルでは、ページレイアウトを行う際の、ガイド線やダミー文字の表示の有無などを設定します。

#### ⦿ ページ裁ち落とし
[ページ裁ち落とし]は[Blurb]を選んでいる場合に利用可能です。ページ間際まで写真を見せたい場合、裁断時のズレによって余白が出るのを避けるために、実際のページより数mmほど大きめに写真を配置します。

#### ⦿ テキストセーフエリア
文字が入力・表示される範囲を示します。

#### ⦿ 写真セル
写真が配置される範囲をグレーで示します。

#### ⦿ フィラーテキスト
これにチェックが入っていると、文字の入力欄が作成されると同時に、ダミーの文字が表示されます。

図13　[ガイド]パネル

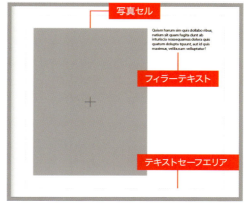

図14　各ガイドを有効にした場合の表示例

### 06 セル

[セル]パネルでは、[ページ]パネルで指定された写真セル内に表示する写真を小さくしたり、テキストエリアを小さくしたりすることができます。

#### ⦿ 間隔
[左端][右端][上端][下端]のスライダーを調整して、写真セルと実際の写真の間隔を指定します。[すべてをリンク]が有効になっている場合、1つのスライダーを操作すると、他のスライダーも同期します。

図15　[セル]パネル

### 07 テキスト

[テキスト]パネルでは、写真およびページに文字を加えることができます。新たに文字を追加する場合、[写真のテキスト]は写真を選んでいる場合に有効で、[ページのテキスト]はページそのもの(写真以外)を選んでいる場合に有効です。

図16　[テキスト]パネル

◉ 写真のテキスト

写真に文字を添えます。キャプション的な扱いです。メニューから［カメラデータ］などを選べる他、［カスタムテキスト］であれば自由に文字を入力できます。

◉ オフセット

写真と文字との間隔を調整します。［写真に合わせる］にチェックを入れると、写真の右端に文字をそろえてくれます。

◉ 上部、写真上、下部

表示する文字の位置を選びます。写真の上下か、写真にのせるかを指定できます。余白の有無によって選択できないボタンもあります。

◉ ページのテキスト

［ページのテキスト］ではページの［上］か［下］に、キーボードから入力した文字を表示することができます。

◉ オフセット

［ページのテキスト］の［オフセット］は、［テキストセーフエリア］との間隔を指定します。

図17　テキストの表示例

## 08　種類

［種類］パネルでは、［テキスト］パネルで入力した文字の種類やサイズ、そろえる位置、文字間隔や行送りなどを指定できます。プリセットとして保存することも可能です（**図19**）。

◉ 文字の体裁を調整する

入力した文字を選択している際に、［種類］は有効になります。フォントの種類やサイズ、色、不透明度、文字ぞろえさらに、文字の間隔（トラッキングやカーニング）や、文字の上下位置（ベースライン）、行送りなどを微調整できる他、［列］で2段組、3段組、［余白］で段間を指定することもできます。

パネルの左上にあるボタンをクリックして有効にすると（**図20**）、選択している文字に対し左右のドラッグで［サイズ］、上下のドラッグで［行送り］を調整することができます。

図18　［種類］パネル

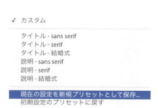

図19　調整したテキストの体裁をプリセットとして保存することができる

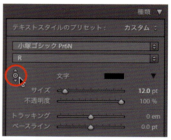

図20　このボタンをクリックすると、選択している文字の［サイズ］と［行送り］をドラッグで調整できる

226

## 09 背景

［背景］パネルでは、ページの余白部分に指定した写真やグラフィック、色などを敷くことができます。

### ◉ 利用できる写真やグラフィック

ページの余白に写真やグラフィックを敷くことができます。写真の場合は、フィルムストリップから［背景］パネルに写真をドラッグ＆ドロップします（**図21**）。▼をクリックすると、あらかじめ用意されている［旅行］や［結婚式］のグラフィックを利用することもできます（**図22**）。

### ◉ 背景をグローバルに適用／グラフィック

［グラフィック］にチェックを入れると、指定されている写真やグラフィックが、用紙の余白に表示されます。［不透明度］で画像の濃度の調整ができます。加えて［背景をグローバルに適用］にチェックを入れると、表紙を除く写真集全体にグラフィックが反映されます。

### ◉ 背景色

［背景色］を利用したい場合は、［背景色］にチェックを入れ、色を指定するとページの余白に反映されます。［グラフィック］と同じく、［背景をグローバルに適用］にチェックを入れると、写真集全体に効果がおよびます。なお、［グラフィック］と［背景色］の両方を有効にすると、2つの効果が重なった状態になります。

**図21** ［背景］パネル。これは［フィルムストリップ］から青空の写真をドラッグ＆ドロップしている

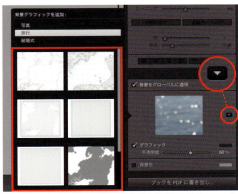

**図22** 用意されている［旅行］や［結婚式］のグラフィック

## 10 ページの削除とレイアウトのコピー

不要になったページは削除できます。また、レイアウトを別のページにコピー＆ペーストすることもできます。

### ◉ ページの削除

ページを削除する場合、削除したいページ上で右クリックし、表示されるメニューから［ページを削除］を選びます。複数のページを選んで、まとめて削除することもできます。

### ◉ レイアウトのコピー＆ペースト

レイアウトをコピーするには、コピーしたいレイアウトのページを右クリックして表示されるメニューから［レイアウトをコピー］を選びます。ペーストは、レイアウトを適用したいページを選んで右クリックし、［レイアウトをペースト］を選びます。コピーされるのはレイアウトであって、画像は含まれません。

**図23** 不要なページは右クリックメニューで削除できる

**図24** レイアウトのコピー＆ペーストも右クリックメニューで行う。その際、コピー＆ペーストとされるのはレイアウトのみ

## 11 写真集をコレクションに保存

[ブック]モジュールでは、そのブックの体裁をコレクションとして保存できます。保存しておけば、体裁をすぐに呼び出すことができるので、作業の始めに保存しておくのもよいでしょう。
[保存ブックを作成]ボタンをクリックします（**図25**）。[ブックを作成]画面になるので、名前を入力して[作成]ボタンをクリックします（**図26**）。以上の操作でコレクションにブックが追加されます。なお、作成済みのコレクションを使って作業している場合、[コレクションセット内]の表示が[内側]に変わります。チェックすると指定したコレクション内部（内側）に新規のコレクションを作成します。以降、これをクリックすれば、この写真集を呼び出すことができます。写真集を再編集することも可能です。なお、再編集の際に、保存操作などは必要はなく、作業終了時の状態が自動的に保存されます。

**図25** [保存ブックを作成]ボタンをクリック

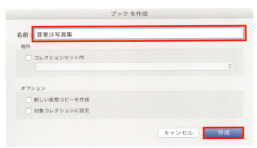

**図26** 名前を付けて保存する

## 12 ブックの環境設定

[ブック]モジュールの[ブック]メニューで[ブックの環境設定]が行えます。[初期設定の写真のズーム]では、写真セルに対する拡大方法（[ズームして塗りつぶし]か[ズームしてフィル]）を選びます。
[自動フィルにより新しいブックを開始]では、[ブック]モジュールに切り替えた際に[自動レイアウト]で指定されているレイアウトを使って、自動的に写真が配置されたページを作成するかどうかを指定します。

[テキストオプション]では、作成されたテキストボックスに、ダミーの文字を表示するか（フィラーテキスト）、「タイトル」「説明」「ファイル名」のいずれかのメタデータ表示するかを指定します。メタデータは[ライブラリ]モジュールなどで入力しておきます。[説明をテキストセーフエリアに制限]にチェックが入っていると、文字の表示範囲がテキストセーフエリアに制限されます。

CHAPTER 8

スライドショーモジュール

# 01 スライドショーを実行する

選択した画像を順に表示してくれるのが［スライドショー］モジュールです。家族や友人と一緒に写真鑑賞をしたり、あるいは個展会場で再生したりするのに用います。ここではまずプリセットを元にした、簡単なスライドショーの再生方法を解説します。

## 01 テンプレートの選択

［ライブラリ］モジュールで、スライドショーで再生したいフォルダーやコレクション（動画も指定可能です）を選びます。フォルダーやコレクション内のどの画像をスライドショーで表示するかは再生時に選択できます。続いて、モジュールピッカーで［スライドショー］をクリックして選択し、［テンプレートブラウザー］でテンプレートを選択します。図1では［ワイドスクリーン］を選んでいます。［ワイドスクリーン］は画像をトリミングしない状態で、なるべく大きく表示する設定です。この設定を元に、多少カスタマイズしてみましょう。

図1　［スライドショー］モジュールのテンプレートブラウザーでテンプレートを選択

## 02 画面に表示する文字の入力

スライドショー全編を通して表示される文字を入力します。ABC（［スライドにテキストを追加］ボタン）をクリックし、［カスタムテキスト］欄に文字を入力します。ここでは「紅葉の谷川岳」としました。enterキー（returnキー）で入力を確定すると、文字が画像上に表示されます（図2）。

また、文字はドラッグして位置を調整することも、文字枠をドラッグして大きさを変えることもできます（図3）。
文字の種類や色、不透明度は［オーバーレイ］パネルの［テキストオーバーレイ］で指定できます。また、［シャドウ］では影を付けることで立体感のある文字演出ができます（図4）。

図2 　ABC をクリックして文字を入力する

図3　文字枠をドラッグして位置やサイズを調整できる

図4　［テキストオーバーレイ］で文字の色や種類を指定し、［シャドウ］では文字に影を付けることができる

## 03　タイトル画面の指定

スライドショー冒頭のイントロ画面を指定することができます。［タイトル］パネルの［イントロ画面］にチェックを入れると指定した色での画面が表示されます。［IDプレートを追加］にチェックを入れると、すでに入力済みのIDプレート（P.27参照）が表示されますが、▼をクリックして編集できます。ここでは「紅葉の谷川岳」としました（**図5**）。表示される［IDプレート］の大きさは［スケール］で調整できます。［エンディング画面］もチェックを入れると挿入されます。［IDプレートを追加］にチェックが入っていないと、黒い画面が最後になります。

図5　このようなタイトル画面を作成

## 04　再生の実行

［再生］パネルを表示し［スライドの再生時間］を確認します。［スライドの長さ］が［4.0秒］、画像が入れ替わる［クロスフェード］が［2.5秒］となっていますが、これで特に問題はないでしょう。［スライドショーを繰り返す］にチェックが入っていると、任意に停止するまでスライドショーが繰り返されます（**図6**）。以上を確認、設定したらプレビュー機能を使って、スライドショーの再生を事前に確認しておきましょう。［プレビュー］ボタンや、プレビュー画面の下にある［再生コントロール］の各ボタンを使って、プレビューします。［再生コントロール］ではプレビューの再生と停止、コマ送り、最初のスライドに戻るなどの操作ができます。また［使用］メニューで再生する画像を、フィルムストリップのすべてか選択した写真から選びます（**図7**）。

［再生］ボタンをクリックすると、フルスクリーンでの再生となります（**図8**）。

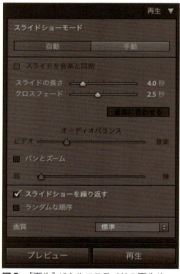

図6　［再生］パネルでスライドの再生や切り替えの時間などを指定する

図7　［再生コントロール］でプレビューして確認する

図8　［再生］ボタンをクリックしてフルスクリーンでスライドショーを実行

# 02 画面構成とパラメーター

ここでは［スライドショー］モジュールの画面と、その他の各種設定、機能について確認しておきましょう。スライドショーに関する機能はそれほど複雑なものはありません。

## 01 画面構成

モジュールピッカーで［スライドショー］をクリックすると、［スライドショー］モジュールに切り替わります。画面は**図1**のようになっています。

図1　［スライドショー］モジュール

## 02 テンプレートブラウザー

[テンプレートブラウザー]では、用意されているテンプレートを選択します。もちろんカスタマイズしたものを保存することも可能です。[Lightroomテンプレート]はあらかじめ登録されているテンプレートで、[ユーザーテンプレート]はユーザーが設定した内容を登録したテンプレートです（図2）。

設定を終えたスライドショーは、[テンプレートブラウザー]の右横にある ● をクリックして、[ユーザーテンプレート]として登録することができます（図3、図4）。

図2　テンプレートブラウザー。●のクリックでユーザーテンプレートを登録できる

図3　新規テンプレートの登録画面

図4　登録されたユーザーテンプレート

## 03 クイックスライドショー

クイックスライドショーとは、[スライドショー]モジュール以外でもすぐにスライドショーを実行できる機能です。これを利用するには、あらかじめ利用したいテンプレートを右クリックし、[クイックスライドショーに使用]を選んでおきます（図5）。クイックスライドショーに指定されるとテンプレート名の横に ● が付きます（図6）。

クイックスライドショーはフィルムストリップに表示されている画像が対象になります。実行するには、ctrlキー（Macではcomandキー）+ enterキー（returnキー）を押します。

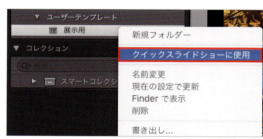

図5　使いたいテンプレートに対し[クイックスライドショーに使用]を選んでおく

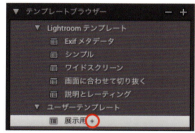

図6　クイックスライドショーに指定されたテンプレートには ● が付く

## 04 オプション

［オプション］パネルでは、画像の表示方法や枠線の表示の有無、シャドウの種類や表示の有無を指定します。

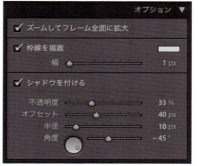

図7 ［オプション］パネル

### ● ズームしてフレーム全面に拡大

［ズームしてフレーム全面に拡大］にチェックを入れない場合、画像全体が表示されますがフレームと写真の縦横の比率が違う場合は、フレームに余りが出ます（**図8**）。チェックを入れると、［レイアウト］で指定されているサイズに合わせて拡大表示されますが、画像の縦または横がトリミングされることがあります（**図9**）。

図8 ［ズームしてフレーム全面に拡大］にチェックを入れない場合

図9 ズームしてフレーム全面に拡大］にチェックを入れた場合

### ● 枠線を描画

画像の周囲に枠線を描画するかどうかを指定します。枠線の太さと色を指定できます。

### ● シャドウを付ける

画像の周囲に影を付けるかどうかを指定します。影の不透明度や画像との距離（オフセット）、ぼけ具合（半径）、角度を指定できます。なお、シャドウは黒なので、［背景］パネル（P.238参照）で黒などの濃い色を指定すると見えにくくなります。

図10 枠線を描画した例

図11 シャドウを付けた例

## 05 レイアウト

［レイアウト］パネルでは、左右上下の余白の長さを指定することで、画像の表示位置を指定できます。

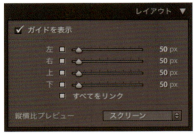

図12　［レイアウト］パネル

### ◉ ガイドを表示

［ガイドを表示］は、［左］［右］［上］［下］で指定された位置にガイド線を表示するかどうかを指定します。この［ガイドを表示］は、設定時だけの表示で、スライドショーの実行時には表示されません。

### ◉ 左、右、上、下

［左］［右］［上］［下］ではそれぞれの余白の大きさを調整します。［すべてをリンク］にチェックを入れた場合、［左］［右］［上］［下］のいずれかを操作すると、他のパラメーターの値も同期します。

図13　［ガイドを表示］にチェックを入れたところ。周囲の細い線がガイドの線

図14　［すべてをリンク］にチェックを入れ、150pxを指定した例

### ◉ 縦横比プレビュー

スライドショーを再生するモニターの縦横比をプレビューします。編集中のパソコンのモニターの縦横比は［スクリーン］、テレビ用では［16：9］や［4：3］が選べます。

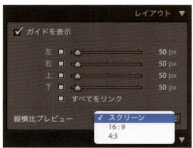

図15　［縦横比プレビュー］でプレビューする比率を選ぶ

図16　［16：9］を選んだ例

## 06 オーバーレイ

［オーバーレイ］パネルでは、IDプレートや透かし（P.27参照）、レーティング、入力した文字などの表示の有無や、その色、不透明度などをそれぞれ指定できます。

図17　［オーバーレイ］パネル

### ● IDプレート

［IDプレート］では、［編集］メニュー（Macでは［Lightroom］メニュー）の［IDプレート］で編集した［IDプレート］や、このパネルで設定した［IDプレート］の表示の有無や色、大きさ（スケール）、不透明度などを指定します。

図18　［IDプレート］の表示例

### ● 透かし

［編集］メニュー（Macでは［Lightroom］メニュー）の［透かしを編集］で編集した［透かし］の表示の有無を指定します。文字の再編集や不透明度、サイズ、表示位置などはポップアップメニューの［透かしを編集］を選んで行うことができます。

### ● レーティング

画像に付けられているレーティングを表示するかどうかを指定します。色や［不透明度］［スケール］を指定できます。［IDプレート］と表示位置が重なることがあるので、注意してください。

図19　［透かし］の表示例　　　　図20　［レーティング］の表示例

237

◉ **テキストオーバーレイ**

［スライドにテキストを追加］（P.230参照）で入力した文字の表示形式を指定します。［色］、［不透明度］、［フォント］や［スタイル］を指定します。

◉ **シャドウ**

［シャドウ］の設定でテキストに影を付けることができます。［不透明度］や文字と影の距離を指定する［オフセット］、ぼけ具合を指定する［半径］、影の方向を指定する［角度］があります。なお、この［シャドウ］は、いずれかの文字をクリックして選択しておかないとアクティブになりません。

図21　［テキストオーバーレイ］の表示例

図22　［シャドウ］の表示例

## 07 背景

［背景］パネルでは、画像の背景に色やグラデーション、画像を指定することができます。

図23　［背景］パネル

◉ **グラデーション**

［グラデーション］は画像の背景にグラデーションを表示させるかどうかを指定します。表示させる場合、色や［不透明度］［角度］を指定できます。なお、同じ［背景］パネル内の［背景色］が指定されていない場合は、この［グラデーション］欄で指定した色と黒のグラデーションになります。

図24　［グラデーション］にチェックを入れない場合

図25　［グラデーション］にチェックを入れた場合

◉ 背景画像

［背景画像］は、背景に画像を表示するかどうかを指定します。［背景画像］で利用する画像は、フィルムストリップからドラッグ＆ドロップします。［不透明度］の指定も可能です。

図26　背景に写真を敷きたい場合は、フィルムストリップからドラッグ＆ドロップする

図27　［背景画像］の表示例

◉ 背景色

［背景色］は画像の背景の色を指定します。チェックを入れない場合は黒になります。

図28　カラーチップをクリックして背景色を選ぶ

図29　［背景色］にクリームイエローを指定した例

## 08 タイトル

[タイトル]パネルでは、スライドショーの始まりと終わりに、何もない一色の画面や[IDプレート]を表示するかどうかを指定します。

### ◉ イントロ画面、エンディング画面

[イントロ画面]と[エンディング画面]は、スライドショーの始まりと終わりに、指定した色を表示するかどうかを指定します。

### ◉ IDプレートを追加

[イントロ画面]や[エンディング画面]にチェックを入れた上で、[IDプレート]を表示するかどうかを指定します。[カラーを指定]で文字の色、[スケール]でサイズを指定します。

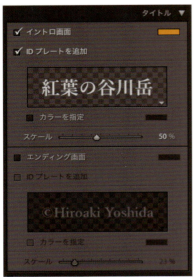

図30 [タイトル]パネル

図31 [イントロ画面]にオレンジ色を指定し、さらに[IDプレートを追加]で「紅葉の谷川岳」を追加、表示した例

## 09 音楽

スライドショーの再生中に流すBGMを指定できます。■をクリックし、音楽ファイルを指定します。図32は3つの音楽ファイルを指定したところです。音楽ファイルはLightroomからリンクされているだけなので、元の音楽ファイルを削除したり、フォルダーを移動したりすると音楽の再生ができなくなります。

図32 [音楽]パネル。これはすでに3つの音楽ファイルを指定した状態

## 10 再生

［再生］パネルでは、スライドショーの実行を［自動］で行うか［手動］で行うかを選びます。［自動］の場合は、スライド1枚ごとの表示時間や切り替え時間、音楽とスライドショーの同期、画像の切り替え時のパン、ズームなどを指定できます。［手動］ではスライドの切り替えをキーボードの［←］［→］キーで行います。他に、スライドショーを繰り返したり、順序をランダムにするかどうかなどの指定ができたりします。なお、スライドショーの再生時間はツールバーの右端に表示されます（図35）。

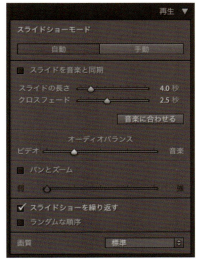

図33 ［再生］パネル。［自動］を選んだ場合

### ● スライドを音楽と同期
チェックを入れると、スライドの切り替えと音楽が同期します。なお、画像の枚数が少ないと音楽が途中で切れることもあります。

### ● スライドの長さ
［スライドを音楽と同期］のチェックが入っていないときに利用できます。1コマのスライドの再生時間を指定します。

### ● クロスフェード
［スライドを音楽と同期］のチェックが入っていないときに利用できます。コマが変わるときのクロスフェードエフェクトの時間を指定します。

### ● 音楽に合わせる
音楽の長さに合わせて、1コマの再生時間やクロスフェードの時間が自動調整されます。

### ● オーディオバランス
スライドショーに動画（ビデオ）が含まれる場合、ビデオの音と［音楽］パネルで指定した音のどちらを優先させるかをスライダーで調整します。

### ● パンとズーム
チェックを入れるとパン（引き＝画像を小さく）やズーム（寄り＝画像を大きく）といった効果が加わります。スライダーでその強弱を調整できます。

### ● スライドショーを繰り返す
スライドショーが最後まで再生されたら、先頭に戻ってスライドショーを繰り返し再生します。

### ● ランダムな順序
画像の再生順序をランダムにします。

### ● 画質
スライドショーの画質を指定します。［低］［標準］［高］の3段階があります。

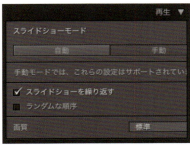

図34 ［手動］を選んだ場合の［再生］パネル

図35 スライドショーの再生時間表示

241

## 11 プレビューボタン、再生ボタン、書き出しボタン

作成したスライドショーを［プレビュー］や［再生］したり、別のファイルに書き出したりできます。

### ◉ プレビュー/再生

［プレビュー］では全画面ではなく、中央の画像が表示されるエリア（スライドエディター表示）にスライドショーが再生されます。［再生］ボタンをクリックすると、全画面で再生が行われます。

### ◉ PDFで書き出し/ビデオを書き出し

作成したスライドショーをPDFやビデオの形式で書き出すことができます。［PDFで書き出し］を選んだ場合、画質やサイズを指定できます。ただし、音は含まれません。ページ（画像）が自動で切り替わる設定のPDFが作成されます。［ビデオを書き出し］を選んだ場合は、［480×270］から［1080p（16：9）］までの4段階でサイズを指定できます。

図36 ［プレビュー］［再生］の各ボタン

図37 ［PDFで書き出し］［ビデオを書き出し］の各ボタン

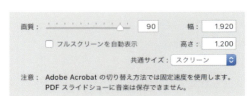

図38 ［PDFで書き出し］を選択したときのオプション設定

図39 ［ビデオを書き出し］を選択したときのサイズ選択メニュー

CHAPTER 9

# プリントモジュール

# 01 1枚の用紙に1つの画像をプリントする

［プリント］モジュールは、名前の通り、画像をプリントするための機能です。プリントといってもLightroomには多彩なレイアウト機能があります。ここでは、まずA4サイズの用紙に1つの画像を大きくプリントする方法を取り上げます。

## 01 プリンタ、用紙、テンプレートの選択

［ライブラリ］モジュールで、プリントしたい画像が保存されているフォルダーおよび画像を選択します。続いて、モジュールピッカーで［プリント］をクリックします。

［プリント］モジュールに切り替わったら、続けて［テンプレートブラウザー］でテンプレートを選択します（図1）。ここでは［最大サイズ］を選んでいます。選んだテンプレートに合わせて、［レイアウト］パネルなどの設定も変わります。

［テンプレート］には用紙の向きが含まれることがあり、この場合、縦向きの用紙に合わせて横向きの写真が縦に回転しています。プリントすれば問題ありませんが、気になるならば、次のステップの［用紙設定］で用紙の向きを変えると、向きが修正されます。

図1 ［プリント］モジュールで［テンプレート］を選択

## 02 プリンタ選択と用紙の設定

画面左下の[用紙設定]をクリックし、プリンタの種類や用紙のサイズ、用紙の向きを選びます。ここではA4サイズ、横向き(**図2**、**図3**)を選択しています。

**図2** プリンタ、用紙の選択(Macの場合)

**図3** プリンタ、用紙の選択(Windowsの場合)

**図4** 用紙の向きを変えたことで、写真が正立する

## 03 余白を調整する

テンプレートの[最大サイズ]を選ぶと、そのプリンタでプリントできる最大サイズが設定されますが、多少窮屈に感じます。もう少し余白を取って落ち着かせてみましょう。右の[レイアウト]パネルの[マージン]をすべて10.0mmとすれば、余白が広がり、落ち着いた感じになります。

**図5** [レイアウト]パネルの[マージン]をすべて10.0mmに調整

245

## 04 解像度とシャープを設定する

［プリントジョブ］パネルの上部でプリント解像度とシャープを設定します（**図6**）。
［出力先］が［プリンター］になっていること、［ドラフトモードプリント］にチェックが入っていないことを確認します。
［プリント解像度］は用紙サイズがA4以下であれば、300ppiがよいでしょう。［シャープ（プリント用）］は［標準］、［用紙種類］は実際にプリントする用紙に合わせて［マット］か［光沢］を選びます。

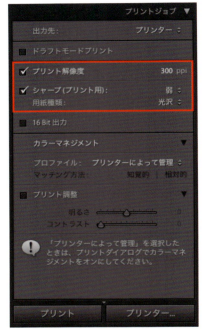

図6 ［プリントジョブ］パネルで［プリント解像度］と［シャープ］を設定する

## 05 カラーマネージメントを設定する

次に［カラーマネージメント］を設定します。正確な色味でプリントするならば、プリンターの（ICC）プロファイルを指定します。次のように設定します。
最初に［プロファイル］で［その他］を選びます（**図7**）。［プロファイルを選択］画面が現れたら、プリンタと使う用紙の種類に応じたプロファイルにチェックを入れ［OK］します。よく使うプリンタや用紙の組み合わせが複数ある場合は、この段階でそれらにチェックを入れてもかまいません（**図8**）。
再び［プロファイル］をクリックすると、**図8**で選んだプロファイルが表示されるので、使用するプリンタと用紙に合ったプロファイルを選択します（**図9**）。選んだプロファイルは記憶され、以降も［プロファイル］に表示されます。

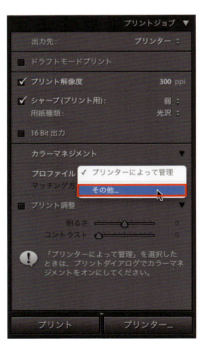

図7 ［プロファイル］で［その他］を選択

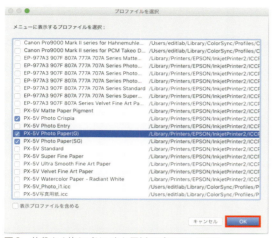

図8　普段よく使うプリンタと用紙のプロファイルに
チェックを入れ[OK]する

図9　［プロファイル］をクリックすると現れる
メニューで、正しいプロファイルを選ぶ

## 06　プリント設定を行ってプリントする

右下の［プリンター］ボタンをクリックします（［プリント］をクリックすると、以前の設定ですぐにプリントが開始されます）。

プリント設定で大事なのは、指定したプロファイルと同じ用紙を選んでいること、またプリンタードライバー上ではカラーマネージメントをしない（色補正をしない）設定にすることです。Macの場合は図10のように、Lightroom側でプロファイルを選んでいると、強制的に［色補正なし］になるので、あとは用紙種類をきちんと指定してください。

図11はWindowsのプリンタプロパティ画面ですが、ここできちん正しい用紙の種類と［色補正なし］を選んでください。

あとは［プリント］や［OK］をクリックして、プリントを実行します。図10、図11はエプソンのプリンタードライバーの画面ですが、他のメーカーのプリンターの場合でも考え方は同じです。

図10　Macのプリント設定画面。強制的に［オフ（色補正なし）］になるので、あとは正しい用紙の種類を選択する

図11　Windowsのプリント設定画面。正しい用紙の種類を設定し、［オフ（色補正なし）］を選ぶ

## 02 複数の画像を1枚に配置するサムネールプリント

1枚の用紙に複数の画像を小さくプリントするのがサムネールプリント（コンタクトシート）です。サムネールプリントしておくと、PCを起動せずとも画像を一覧でき、画像の管理に役立ちます。また、撮った写真を他の人に見せて確認してもらう際にも便利です。

### 01 複数の画像を選択

［ライブラリ］モジュールで、プリントしたい画像が保存されているフォルダーおよび画像を選択します。
フォルダー内のすべての画像をプリントしたければ、［編集］メニューから［すべてを選択］を選びます。ここでは、あらかじめ付けておいたレーティングに基づいて必要な画像をフィルタリング表示し［すべてを選択］しています（**図1**）。
モジュールピッカーで［プリント］モジュールに切り替えたら、［テンプレートブラウザー］で［コンタクトシート 4×5］を選び、［用紙設定］ボタンをクリックします（**図2**）。［用紙サイズ］や［用紙の向き］［プリンタ］を設定します。ここではA4サイズ、縦向きとしています（**図3**）。

**図1** ［ライブラリ］モジュールでサムネールプリントしたい画像を選択しておく

**図2** ［用紙設定］ボタンをクリック

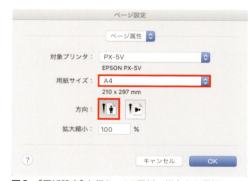

**図3** ［用紙設定］を行う。A4用紙、縦向きを選択

### 02 レイアウトを確認しドラフトプリントする

レイアウトや設定を確認します（**図4**）。ページ数が表示されるのでプリントに必要な枚数の用紙を用意します。

［プリントジョブ］パネルでは［ドラフトモードプリント］にチェックが入っています（［コンタクトシート 4×5］に由来）。これは、画

質よりもスピードを優先する設定です。画像の数が多くなりがちなサムネールプリントなので、ここではそのままとして、［プリンター］ボタンをクリックします。

図5の［プリント］画面では、用紙の種類を確認します。［色補正］ですが、ここでは先に画質を優先しない［ドラフトモードプリント］を選んでいるので、プリンターまかせの設定（図5ではオートフォトファイン！EX）としました。［プリント］や［OK］などをクリックして、プリントを実行します。

図4　レイアウトやプリント枚数などを確認。［ドラフトモードプリント］にはチェックが入ったままで［プリンター］をクリック

図5　［プリント］画面では用紙の種類を正しく設定し、［色補正］はプリンターの自動色補正（オートフォトファイン！EX）を選んだ

## 03　設定をコレクションとして保存する

利用した画像と設定を保存しておきましょう。［保存プリントを作成］ボタンをクリックし（図6）、図7の画面で名前を付けて［作成］します。［コレクション］パネルに「保存プリント」が現れます。これは、作業した画像とプリント設定が保存されたものです。以降、このコレクションをクリックすることで、画像と設定を呼び出すことができます。

なお、呼び出し時、表示される画像の枚数が1枚しかない場合は、［編集］メニューの［すべてを選択］を選んでください。また、コレクションの選択時に、レイアウトの体裁などを変更すると、コレクションは自動的に更新されます。

図6　［保存プリントを作成］ボタンをクリック

図7　［プリントを作成］画面で名前を付けて［作成］をクリックする

図8　［コレクション］パネルに作成したコレクション名が現れる

# CHAPTER 9 03
# 画面構成とパラメーター

ここまでで1枚プリントとサムネールプリントの一連の流れを解説しました。本節では［プリント］モジュールの画面構成と各パネルのパラメーターについて解説していきます。

## 01 画面構成

［プリント］モジュールの画面は**図1**のようになっています。

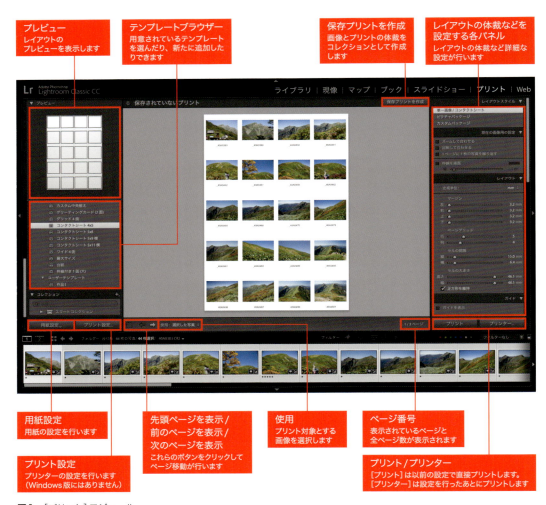

図1 ［プリント］モジュール

## 02 テンプレートブラウザー

[テンプレートブラウザー]の[Lightroomテンプレート]からは、あらかじめ用意されたレイアウトを選ぶことができます。ただ、テンプレートには用紙設定なども含まれるため、用紙の向きと画像の向きがズレることがあります。その場合は[用紙設定]で向きを直してください。

[ユーザーテンプレート]には、オリジナルのレイアウトを登録することができます。その場合、レイアウトを終えたら、[テンプレートブラウザー]パネル右上のをクリックし、名前を付けて保存します。不要になったらテンプレート名をクリックして選択後、⊖をクリックしてください。

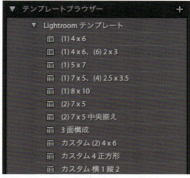

図2　テンプレートブラウザーの[Lightroomテンプレート]にはあらかじめ用意されたテンプレート

図3　オリジナルのプリントレイアウトは、⊕をクリックして名前を付けて保存すると、それが[ユーザーテンプレート]に表示される

## 03 レイアウトスタイル

[レイアウトスタイル]には[単一画像/コンタクトシート][ピクチャパッケージ][カスタムパッケージ]の3つがあります。

1枚プリントやサムネールプリントをする場合は[単一画像/コンタクトシート]、1枚の画像を複数並べたい場合は[ピクチャパッケージ]、複数の画像を自由に並べたい場合は[カスタムパッケージ]を選びます。[Lightroomテンプレート]の[カスタム〜〜]とあるのはカスタムパッケージ、[コンタクトシート〜〜]とあるのは名前の通りコンタクトシートです。

図4　[レイアウトスタイル]パネル

図5　[単一画像/コンタクトシート]の例　図6　[ピクチャパッケージ]の例

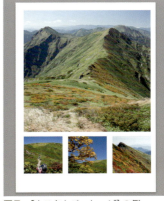

図7　[カスタムパッケージ]の例

## 04　現在の画像用の設定

[現在の画像用の設定]では、主に画像の表示方法について設定します。選んでいる[レイアウトスタイル]によって設定できる項目が多少異なります。

図8　[単一画像/コンタクトシート]選択時の[現在の画像用の設定]パネル

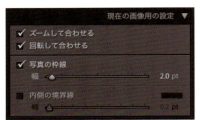

図9　[ピクチャパッケージ]や[カスタムパッケージ]の選択時は、画像の隣接距離を調整できる[内側の境界線]などの項目が増える

### ◉ 回転して合わせる

セルの向きと画像の向きが異なる場合、向きを合わせるかどうかを指定します。つまりセルの長辺と画像の長辺を合わせるか否かの指定です。チェックを入れない場合、セルの向きにかかわらず画像がそのまま表示されます。チェックを入れた場合は、セルの向きに合わせて画像を回転します。

図12　[回転して合わせる]にチェックを入れない場合

### ◉ ズームして合わせる

[レイアウト](P.254参照)で指定した枠(セル)に対して、画像をどう合わせるかを指定します。チェックを入れない場合、余白が出ても画像全体を表示します。チェックを入れた場合は、画像が切り抜かれても余白が出ないように画像を拡大して表示します。

図10　[ズームして合わせる]にチェックを入れない場合

図11　[ズームして合わせる]にチェックを入れた場合

図13　[回転して合わせる]にチェックを入れた場合

◉ **1ページに1枚の写真を繰り返す**

1ページに複数のセルがあった場合に、同じ画像で埋め尽くすかどうかを指定します。チェックを入れない場合、それぞれのセルには異なる画像が配置されますが、チェックを入れた場合は、1ページに同じ画像が繰り返されます。その場合、プリントするページ数が極端に増えることがあるので注意が必要です。［単一画像/コンタクトシート］選択時のみの機能です。

**図14** ［1ページに1枚の写真を繰り返す］にチェックを入れない場合

**図15** ［1ページに1枚の写真を繰り返す］にチェックを入れた場合

◉ **枠線を描画**

［枠線を描画］は、画像に枠線を加えるかどうかを指定します。この場合、枠線の幅と色を指定することができます。

**図16** ［枠線を描画］にチェックを入れない場合

**図17** ［枠線を描画］にチェックを入れ、黒を指定した場合

253

## 05 レイアウト

[レイアウト]パネルでは、余白（マージン）や、画像がプリントされる枠（セル）の数や大きさ、間隔などを設定します。[レイアウトスタイル]で[単一画像/コンタクトシート]を選んでいる場合にのみ設定可能です。

図18 [レイアウト]パネル

### ◉ マージン
[マージン]とは画像周辺部の余白のことです。[左][右][上][下]それぞれについて設定できます。値によって[セルの大きさ]や[セルの間隔]が変化します。

### ◉ ページグリッド
1ページにセルをいくつ配置するかを[行]と[列]の数で指定します。どちらも1にすれば、1ページに1枚のプリントとなりますし、たとえば[行]に3、[列]に2とすれば、3×2で6つの画像が配置されます。

### ◉ セルの間隔
複数のセルがある場合に、セル同士の間隔を指定します。[縦]と[横]、それぞれの指定ができます。数値を変えると、それに合わせて[セルの大きさ]も変わります。

### ◉ セルの大きさ
セルの大きさを[高さ]と[幅]で調整します。値を変えると、それに合わせて[セルの間隔]も変わります。[正方形を維持]にチェックが入っていると、[高さ]と[幅]は同じ値になります。

### ◉ 正方形を維持
セルを正方形とするか否かを指定します。チェックを入れない場合、[セルの大きさ]の[高さ]と[幅]を個別に調整することができます。

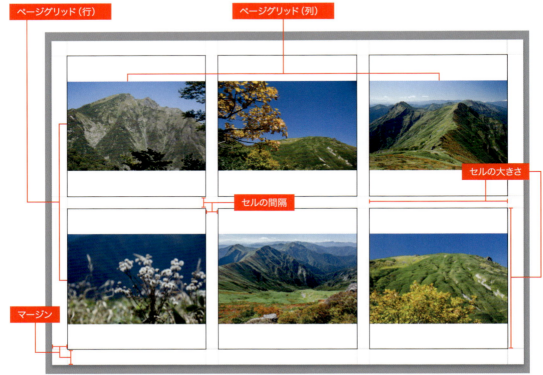

図19 [レイアウト]パネルの各パラメーターによる調整箇所

## 06 ガイド

［ガイド］パネルは、レイアウトする際のガイド線の表示の有無を設定します。［ガイド］はモニター画面上のみに表示され、実際にプリントされることはありません。なお［レイアウトスタイル］で［単一画像/コンタクトシート］以外を選んでいる場合、［定規 グリッド ガイド］になります（P.257参照）。

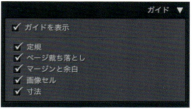

**図20** ［ガイド］パネル

### ◎ ガイドを表示
［ガイド］パネルの1番上にある［ガイドを表示］は、すべてのガイド線を表示するか否かを一括設定できます。［ガイド］全体のマスターボタンのようなもので、このチェックを入れないと、その他の項目にチェックが入っていても、ガイド線は表示されません。

### ◎ 定規
チェックを入れると、用紙の外側に定規を表示します。

### ◎ ページ裁ち落とし
チェックを入れると、プリントできない範囲をグレーで表示します。この範囲はプリンターの機種によって異なります。

### ◎ マージンと余白
チェックを入れると、画像周辺部の余白や、セルとセルの間の余白を表示します。

### ◎ 画像セル
チェックを入れると、セルの枠を黒で表示します。

### ◎ 寸法
チェックを入れると、セルの寸法を数値で表示します。画像のサイズではありません。

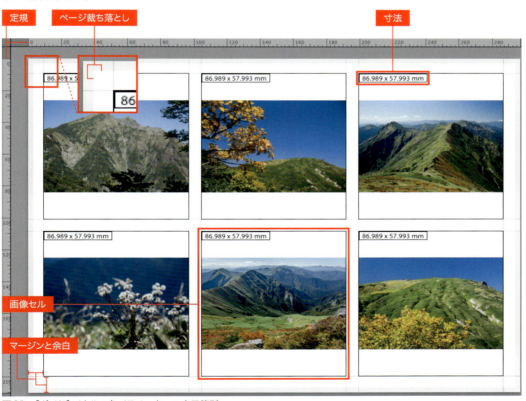

**図21** ［ガイド］パネルの各パラメーターの表示箇所

## 07 ページ

[ページ]パネルでは、実際にプリントに反映される項目を設定します。背景色も指定可能です。すべてのレイアウトスタイルで利用可能ですが、一部、表示される項目が異なります。

### ● ページの背景色
チェックを入れて、色を指定することで、背景に色を付けることができます。

### ● IDプレート
チェックを入れると、[IDプレート]に設定している文字（作者名など）やグラフィックを表示させることができます。色や大きさ、不透明度などを設定できます。ドラッグして位置を動かすことも可能です。

### ● 透かし
チェックを入れると、[透かし]として入力しておいた文字や画像をセル内の画像にのせてプリントすることができます。画像の無断転用を防ぐ場合などに利用します。

### ● ページオプション
[ページ番号][ページ情報][内トンボ]をプリントするかどうかを指定します。

### ● 写真情報
個々の画像に写真情報を添えてプリントすることができます。[ファイル名]や[カメラデータ]など用意されたメニューの他、任意の文字も可能です。

### ● フォントサイズ
[ページオプション]と[写真情報]の文字サイズを調整します。

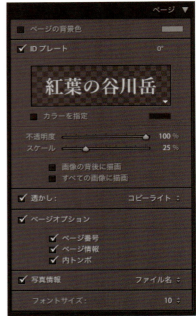

図22　[ページ]パネル

図23　[ピクチャパッケージ][カスタムパッケージ]で表示される[断裁用ガイド]

### ● 断裁用ガイド
[ピクチャパッケージ][カスタムパッケージ]で利用でき、写真を切り取る際のガイド線をプリントするかどうかを指定します。

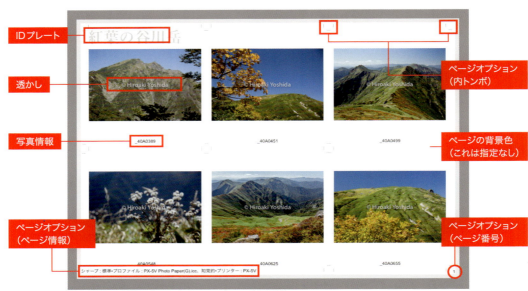

図24　[ページ]パネルの各パラメーターの表示箇所

## 08 定規 グリッド ガイド

［定規 グリッド ガイド］パネルは、［レイアウトスタイル］で［ピクチャパッケージ］または［カスタムパッケージ］を選んだ場合にのみ表示されます。

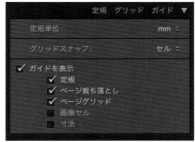

図25 ［定規 グリッド ガイド］パネル

### ◉ 定規単位
定規の単位を指定します。inch、cm、mm、point（約0.35mm）およびpica（約4.2mm）を指定できます。

### ◉ グリッドスナップ
セルをドラッグして動かしたとき、スナップ（吸着）するか否か、スナップする場合はセルかグリッド（背景の方眼）かを指定します。

### ◉ ガイドを表示
各項目は［ガイド］パネル（P.255参照）と同じ内容です。ただし［ページグリッド］が追加され、ページ背景にグリッド（方眼）を表示するかどうかを指定可能になります。

## 09 セル

［セル］パネルは、［レイアウトスタイル］で［ピクチャパッケージ］または［カスタムパッケージ］を選んだ場合にのみ表示されます。セルやページを追加したり、セルの大きさを変更したりできます。

### ◉ パッケージに追加
これらのボタンをクリックすると、そのサイズのセルがページに追加されます。新しくページを追加したり、［レイアウトを消去］して白紙に戻したりできます。［自動レイアウト］では、セルを自動的にレイアウトします。

### ◉ 選択したセルを調整
クリックして選択したセルは、セルの辺やポイントをドラッグしてサイズを調整できる他、［高さ］と［幅］で厳密に調整することもできます。また［セルを回転］できる他、［写真の縦横比を固定］にチェックが入っていると、セルと画像の縦横比が異なる場合でも、画像の縦横比が優先され画像全体が表示されます。

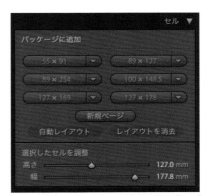

図26 ［ピクチャパッケージ］選択時の［セル］パネル

図27 ［カスタムパッケージ］選択時の［セル］パネル

## 10 プリントジョブ

実際のプリントに関する設定を行います。解像度の指定やシャープの指定、カラーマネージメントなどの設定などが行えます。

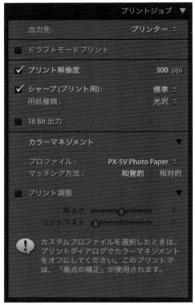

**図28** ［プリントジョブ］パネル

### ◉ 出力先
プリンターに出力するか、JPEG画像として出力するかを選ぶことができます。［JPEGファイル］を選んだ場合、通常のプリントと同様に［プリントジョブ］の他のパラメーターで設定した内容が反映されます。

### ◉ ドラフトモードプリント
Lightroomは画像を高速に表示するため内部的に画像キャッシュを作成しますが、そのキャッシュを使ってプリントします。画質より印刷速度を優先する際に利用します。コンタクトシートをプリントする場合、これにチェックが入っていないと、すべての画像を処理するので、プリントが始まるまでに長い時間がかかることがあります。逆に作品プリントなどの場合はチェックを外してください。このチェックを外すと、他のパラメーターの設定が行えます。

### ◉ プリント解像度
プリント解像度をppi（dpi）で指定します。プリントを目に近付けて見る（鑑賞距離が短い）ことが多いA4サイズまでなら300ppi程度がよいでしょう。目を離して見る（鑑賞距離が長い）ことが多いA3以上のサイズなどは240ppi程度にします。なお、A3サイズなど、大きくプリントした場合の最終的な画質は、元画像のピクセル数にも依存します。ピクセル数が少ないと粗い画像になります。

### ◉ シャープ（プリント用）
［現像］モジュールの［シャープ］とは異なり、これはプリント時にだけ適用されるシャープです。効果の強さは［弱］［標準］［強］の3段階から選びます。初めは［標準］でプリントし、その結果を見て［弱］や［強］を選び直すとよいでしょう。また、用紙の種類に合わせて［光沢］か［マット］かを選びます。

### ◉ 16bit出力
プリンタードライバーに対して画像データを16bitで出力します。通常より多階調のデータを送るため、より滑らかな階調表現が期待できます。Mac版のみの機能です。

### ◉ カラーマネージメント
［カラーマネージメント］の［プロファイル］に［プリンターによって管理］を選んだ場合、カラーマネージメント（色補正）はプリンター（ドライバー）側で行われます。それ以外はプロファイルを選ぶことになります。しかし［プリンターによって管理］では正しく色が再現されません。正しいプロファイルを選ぶのがLightroomでの現実的なプリント方法です。

プロファイルの選択とは、Lightroom側でRAWとプリンターおよび用紙の色域を考慮してカラーマネージメントをするということです。色域の広いRAWをプリントするというLightroomの設計思想から考えると、作品プリントを作る場合、プロファイルを指定してプリントするようにしてください。

プロファイルの指定は、［その他］を選んで、プリントするプリンターの種類と用紙の種類に合ったものを選びます（**図29**）。プリンターメーカーの純正用紙であれば、プリンタードライバーのインストールと同時にプロファイルもインストールされます。

なお、Lightroomでプロファイルを指定した場合、カラーマネージメントの色補正を二重にしないために、プリンター側のカラーマネージメント（色補正）は必ずオフにしてください（**図30**、**図31**）。

［マッチング方法］の違いは簡単にいうと、自然な見た目の［知覚的］、色が変化しにくい［相対的］といえますが、画像の色や使う用紙などによってわかりやすい差が出たり、出なかったりします。実際には、それぞれでプリントして結果のよい方を選択します。

◉ **プリント調整**
実際にプリントしたものが、モニターで見た画像の印象と異なる場合、ここにチェックを入れて、［明るさ］と［コントラスト］を調整することができます。

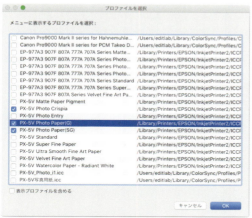

**図29** ［プロファイルを選択］画面

**図30** カラーマネージメントをオフにするためのMacのプリンタードライバーの設定箇所。Lightroom側でプロファイルを選んだ場合は、強制的に［オフ（色補正なし）］になり、変更できなくなる

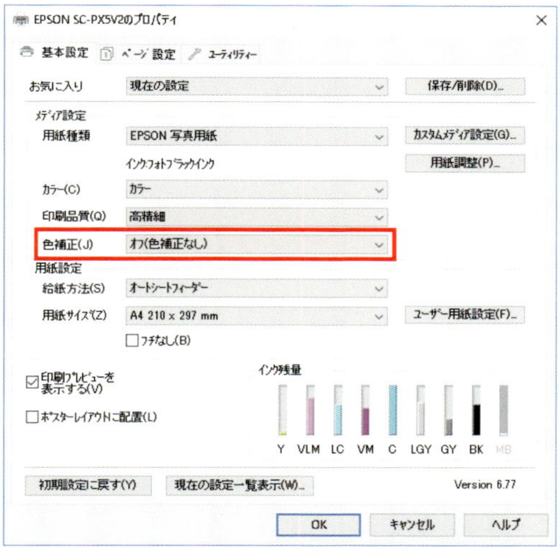

**図31** カラーマネージメントをオフにするためのWindowsのプリンタードライバーの設定箇所。Lightroom側でプロファイルを選んだら、［オフ（色補正なし）］を選ぶ

COLUMN

# Lightroomではプロファイルを使ったプリントがスタンダード

Lightroomでは、RAWの広い色域を最大限に利用し、より正確な色味でプリントするためには、CHAPTER 9で説明しているようにプロファイルを使ったプリントを行ってください。それ以外の、たとえばプリンタードライバでsRGBやAdobe RGBを指定する方法、あるいはプリンタドライバー任せの色補正では、プリントの色が不自然になることがあります。

主なプロファイルはプリンターメーカーや用紙メーカーが提供しています。プロファイルが用意できない特殊な用紙を使う場合、市販のカラーマネージメントツールを使ってプロファイルを自作することになります。

# CHAPTER 10
## Webモジュール

# 01 Web写真ギャラリー作成のための基本操作

［Web］モジュールでは、4つのスタイルでオンラインのギャラリーを作成することができます。この説では、シンプルなHTMLギャラリー作成の流れを追います。

## 01 テンプレートの選択

［ライブラリ］モジュールで、ギャラリーにしたい画像が保存されているフォルダーやコレクションを選択します。

モジュールピッカーで［Web］をクリックし、［テンプレートブラウザー］でテンプレートを選択します。ここでは［HTMLギャラリー（初期設定）］を選んでいます。

このWebギャラリーが、どのような動作をするのか確認してみましょう。この場合、3×3でサムネールが表示されるインデックスページ（**図1**）と、インデックスページでサムネールをクリックすると画像が拡大表示されるページ（**図2**）になります。これが基本形で、あとは必要に応じて細かな設定を行います。

**図1** ［HTMLギャラリー（初期設定）］の画面

**図2** インデックスページでサムネールをクリックするとその画像が拡大表示される

## 02 文字情報・画像の大きさ・色・ファイル名表示の設定

［サイト情報］パネルで、各種の文字情報やリンク先を入力・設定できます。ここでは、［サイトタイトル］と［コレクションのタイトル］、［問い合わせ先］［Webまたはメールのリンク］を指定しました（**図3**）。なお［Webまたはメールのリンク］は、［問い合わせ先］に埋め込まれるため、［問い合わせ先］を有効にします。

［体裁設定］パネルではインデックスのコマ数や拡大画像の大きさ（長辺）、枠線などを指定できます（**図4**）。［カラーパレット］では文字や背景、セルの色を指定します（**図5**）。［画像情報］パネルの［タイトル］は画像の上に、［説明］は画像の下に表示される文字です。ここでは［説明］に［ファイル名］を指定しました（**図6**）。

図3　［サイト情報］では文字情報を入力する

図4　［体裁設定］ではグリッド数や画像の大きさなどを指定する

図5　［カラーパレット］では文字や背景の色を指定する

図6　［画像情報］では画像の上下に表示する文字を指定する

## 03　プレビューし書き出す

画面左下にある［ブラウザーでプレビュー］ボタンをクリックすると（**図7**）、ブラウザーが起動し、表示や動作を確認できます。プレビュー画面を見て、修正があるならば各パネルで修正を行います。問題がなければ［書き出し］あるいは［アップロード］を行って、HTMLファイルを書き出します。**図8**、**図9**はプレビューの例です。

図7　［ブラウザーでプレビュー］をクリック

図8　ブラウザーが起動して表示状態を確認できる。これはインデックスページ

図9　拡大画像のページ

CHAPTER 10

# 02 画面構成とパラメーター

［Web］モジュールでは、Web表示用の写真ギャラリーを作成します。大きく分けて4つのスタイルを選べ、それぞれ細かなカスタマイズも可能になっています。ここでは画面構成と、各パラメーターについて解説します。

## 01 画面構成

モジュールピッカーで［Web］を選ぶと、［Web］モジュールに切り替わります。［Web］モジュールは、図1のような画面構成です。

図1 ［Web］モジュールの画面構成

## 02 テンプレートブラウザー

[テンプレートブラウザー]にはあらかじめ4つのグループがあり、そこから希望のギャラリーに近いスタイルを選びます。さらに選んだテンプレートを右の各パネルで各種設定を行い、カスタマイズして保存することもできます。

## 03 レイアウトスタイル

[レイアウトスタイル]パネルには[クラシックギャラリー][グリッドギャラリー][トラックギャラリー][正方形ギャラリー]の4つがあります。それぞれ[テンプレートブラウザー]で選べる「〜〜ギャラリー(初期設定)」に対応しています。

図4は[グリッドギャラリー]、図5は[トラックギャラリー]、図6は[正方形ギャラリー]のそれぞれ初期設定の画面です。

図2　[テンプレートブラウザー]パネル

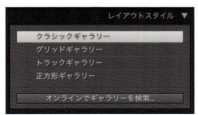

図3　[レイアウトスタイル]パネル

図4　[グリッドギャラリー]

図5　[トラックギャラリー]

図6　[正方形ギャラリー]

265

## 04 サイト情報

［サイト情報］パネルでは、Webギャラリーに表示されるサイト名やページのタイトル、問い合わせ先などを表示したり、リンクを埋め込んだりすることができます。
選択するテンプレートによって、出現するパラメーター欄が増減しますが、ここでは［HTMLギャラリー（初期設定）］を選んだ際に設定可能なパラメーターを取り上げました。

### ◉ サイトタイトル
入力された文字を、サイトのタイトルとして表示します。

### ◉ コレクションのタイトル
公開するギャラリーのタイトルです。

### ◉ コレクションの説明
公開するギャラリーの説明です。

### ◉ 問い合わせ先
作成者や公開者など、問い合わせ先を表示します。

### ◉ Webまたはメールのリンク
［問い合わせ先］を表示させた場合、その文字にWebまたはメールのリンクを埋め込むことができます。

図7　［サイト情報］パネル

### ◉ IDプレート
メインの［IDプレート］（P.27参照）や、このパネルで編集した［IDプレート］を表示します。

### ◉ Webまたはメールのリンク
［IDプレート］を表示させた場合、Webまたはメールへのリンクを埋め込むことができます。

図8　［サイト情報］パネルのパラメーター設定が反映される箇所

## 05 カラーパレット

［カラーパレット］パネルでは、文字や画像の背景、線の色などを指定します。
［レイアウトスタイル］によって、出現するパラメーターが増減しますが、本書では［クラシックギャラリー］を選んだ際のパラメーターを取り上げました。［カラーパレット］パネルの各項目は、**図11**、**図12**、**図13**の通りに設定が反映されます。

◉ **テキスト**
インデックスページの文字の色を指定します。

◉ **テキスト（詳細ページ）**
拡大画像ページの文字の色を指定します。

◉ **背景**
インデックスページの背景の色を指定します。

◉ **背景（詳細ページ）**
拡大画像の背景の色を指定します。

◉ **セル**
インデックスページの画像の周囲（セル）の色を指定します。

◉ **ロールオーバー**
インデックスページで、画像にマウスをポイントした際のセルの色を指定します。

◉ **グリッド線**
インデックスページや拡大ページの枠線の色を指定します。

◉ **番号**
インデックスページの番号表示の色を指定します。

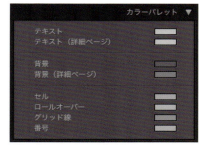

図9　［カラーパレット］パネル

図10　カラーチップをクリックして色を選択する

図11　［カラーパレット］パネルのパラメーター設定が反映される箇所

図12　［ロールオーバー］はマウスをポイントした際に変わる色のこと

図13　［詳細ページ］に関するパラメーター設定の反映箇所

## 06 体裁設定

［体裁設定］パネルでは、レイアウトやデザイン上の要素を調整します。インデックスページの写真の縦横の数を決めたり、影や枠線で写真を見やすくしたりすることができます。選んでいる［レイアウトスタイル］によって表示内容が変わります。ここでは［クラシックギャラリー］選択時の項目を説明します。

### ◉ 写真にドロップシャドウを追加
写真の右下に影を表示します。インデックス、拡大ページ、どちらにも有効です。

### ◉ セクションの境界線
インデックス、拡大ページ、いずれの場合も画像セクションの上下に境界線を表示するかどうか、またその色を指定します。

### ◉ グリッドページ
インデックスページに表示する、サムネールの縦・横の数を指定します。ドラッグして調整します。

### ◉ セル番号を表示
インデックスページのセル番号を表示します。

### ◉ 写真の枠線
インデックスページの写真の周囲に細い枠線を付けるかどうか、またその色を指定します。

図14 ［体裁設定］パネル

### ◉ サイズ
画像の拡大ページの画像サイズ（長辺）を指定します。

### ◉ 写真の枠線
画像の拡大表示時、写真に枠線を付けるかどうか、またその色や幅を指定します。

図15 ［体裁設定］パネルのパラメーター設定が反映される箇所

図16 拡大画像表示時の［体裁設定］パネルのパラメーターが反映される箇所

## 07 画像情報

［画像情報］パネルでは、拡大表示時の画像に添付する文字情報を指定します。任意の文字を入力し、表示することもできます。［タイトル］は画像上部に、［説明］は画像下部に表示されます。

図17　［画像情報］パネル

### ● タイトル

拡大表示時に画像の上部に表示したい文字を選びます。基本的には選んだ情報は、すべての画像に同じように表示されます。初期設定で指定されている「タイトル」は、IPTC情報タイトルのことです（IPTC情報が埋め込まれていない場合には何も表示されません）。［カスタムテキスト］または［編集］を選んで、任意の文字列や、文字の組み合わせを指定することができます。図18ではカメラとレンズの名前を表示させています。

### ● 説明

拡大表示時に画像の下部に表示したい文字を選びます。初期設定で［説明］とあるのは、すでに画像に入力済みのIPTC情報の説明情報を表示するという指定です（IPTC情報が埋め込まれていない場合は、何も表示しません）。図18ではファイル名を表示させています。

図18　［画像情報］パネルのパラメーター設定が反映される箇所

## 08 出力設定

［出力設定］パネルでは、拡大表示時の画像の品質や、画像に埋め込むメタデータの種類、透かしの有無、シャープの適用などを指定します。

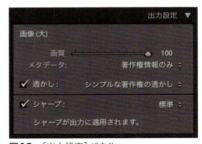

図19　［出力設定］パネル

### ● 画質

画像の画質を指定します。値が大きいほど、画質はよくなります。

### ● メタデータ

［著作権情報のみ］か［すべて］かを選びます。［著作権情報のみ］では、画像にIPTC著作権情報が添付されている場合、著作権をサムネールおよび拡大画像に埋め込みます。［すべて］はExifなども含めたメタデータを埋め込みます。

### ● 透かし

初期設定で用意されているのは［シンプルな著作権の透かし］で、これはIPTC情報として添付されている著作権情報を透かしとして表示します。［透かしを編集］を選んで任意の文字にすることも可能です（図20）。

### ● シャープ

画像をシャープにするか否か、またその度合いを指定します。シャープ処理をする場合［弱］［標準］［強］から度合いを選びます。

**図20** ［出力設定］パネルの［透かし］の反映例

## 09 アップロード設定

作成したWebデータを、Lightroomから直接サーバーにアップロードすることができます。アップロードするには、［アップロード設定］パネルでアップロード先のサーバーを指定し、［アップロード］ボタンをクリックします。

**図21** ［アップロード設定］パネル

### ◉ FTPサーバー

アップロードするFTPサーバーを指定します。FTPサーバーを追加する場合、［アップロード設定］パネルの［カスタム設定］をクリックして表示されるポップアップメニューで［編集］を選んで、FTPサーバーの情報を入力します（**図22**）。

### ◉ サブフォルダーに保存

サーバーにサブフォルダーを作成し、そこにアップロードする場合、ここでサブフォルダーを指定しておきます。［フルパス］には、フォルダー階層が表示されます。

**図22** FTPサーバーの設定画面

APPENDIX

# Lightroom CC

# APPENDIX 01 Lightroom CCについて

Lightroomには、デスクトップでの作業を主とするLightroom Classic CCの他に、Lightroom CCというソフトもあります。ここでは両者の違いと、Lightroom CCの表示画面について見ていきましょう。

## 01 Lightroom CCとLightroom Classic CCについて

Lightroomには、本書で詳しく取り上げたLightroom Classic CCの他にLightroom CCがあります。Lightroom Classic CCは以前から普及していたLightroomの後継ですが、Lightroom CCは、クラウドでの使用を前提とした新しいソフトです。2017年後半に登場しました。アドビシステムズのCreative Cloudの「フォトプラン」に加入するとこの両者（＋Photoshop）が利用できます（Lightroom CCプランの場合は、Lightroom CCだけ）。

少々紛らわしい2つのLightroomですが、使用法や機能の相違点を挙げてみましょう。Lightroom Classic CCは、画像データをローカルに置き、プリントを含めた高品質な作品制作やさまざまなメディアへの出力が可能です。写真の万能ソフトといってもよいでしょう。一方のLightroom CCは、元画像をクラウドに置くことで、いつでもどこでも作業できるのが特徴です。モバイル用のLightroom CCも用意されており、PCで行った作業の続きを外出先のモバイル端末で引き継ぐこともできます。現像機能についてはLightroom Classic CCとほぼ同等の機能です。画像のブラウズや整理・管理機能は比較的簡単なものですが、その分、軽快に動作します。

Lightroom CCを利用するには、フォトプランに加入し、アドビシステムズのサイトからダウンロードするか、すでにLightroom Classic CCを使っているならAdobe Creative Cloudアプリケーションからインストールすることができます。加入しているプランによってクラウドで利用できるストレージの容量が異なります（通常のフォトプランで20GB）が、あとからストレージの容量を追加することも可能です。

**図1** Lightroom CCはAdobe Creative Cloudのアプリケーションからインストールする

## 02 Lightroom CCの表示画面

Lightroom CCでは大きく画像をブラウズしたり整理したりする画面と現像する画面があります。ブラウズや整理をする場合は左上の[マイフォト]をクリックします。すると左側に[マイフォト]や[アルバム]が表示され、[写真グリッド]や[正方形]、[ディテール]の表示形式が選べます。現像する場合は、右側に並ぶ編集関係のいずれかのボタンをクリックします。すると、右側にパネルが展開して[ディテール]表示になり現像できるようになります。また、両側のパネルを閉じて画像だけを表示させることもできます。

図2　写真グリッド

図3　正方形グリッド

図4　ディテール

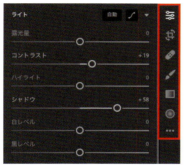
図5　現像する際のディテール表示

図6　両側のパネルを閉じた状態

273

APPENDIX

# 02

## 画像の追加、ブラウズ、セレクト

Lightroom CCで画像を扱うために、まずは画像を追加します。追加された画像はクラウドに保存されます。ここではその他に、追加した画像を整理するための［アルバム］や、画像のセレクトに便利な［レーティング］などについて解説します。

### 01 画像の追加

Lightroom CCに画像を追加するには、ハードディスクなどに保存している画像やメモリカードの画像などを読み込みます。ここではハードディスクに保存してある画像を追加してみましょう。

インストール直後は図1のような状態になっているので、［写真を追加］か画面左上の［＋］ボタンをクリックし、画像が記録されているフォルダーから画像を読み込みます。インターネットに接続していなくても読み込み操作はできますが、インターネットに再接続したタイミングで元画像はクラウドに保存されます。

画像を削除する場合は、［編集］メニューの［削除］を選びますが、この場合Lightroom CC上だけでなくクラウドの元画像も削除されます。

図1　［写真を追加］または［＋］ボタンをクリック

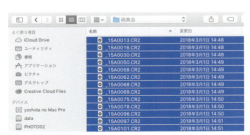

図2　画像が保存されているフォルダーや読み込む画像を選択

図3　読み込む画像を取捨選択し追加

図4　画像が追加される

このような手順で必要な画像を追加します。画像が追加されると自動的に［日付順］で分類されます。また、オリジナル画像はクラウドに保存されますが、ハードディスクから読込んだ場合、ハードディスクにもオリジナル画像は残ります。

## 02　画像をアルバムに整理する

Lightroom CCでは、［アルバム］で画像を整理します。好きな名前の［アルバム］を作成し、画像をそのアルバムに登録することで、画像の整理、分類ができます。［アルバム］への画像の登録は、［アルバム］の作成時でも、作成後でも可能です。以降、任意の［アルバム］をクリックすることでその［アルバム］に登録された画像だけを表示させることができます。初めて［アルバム］を作るには［アルバムを追加］をクリックします（**図5**）。なお、ここではこの時点で作成する［アルバム］に登録したい画像をあらかじめ選んでいます。次に作成する［アルバム］の名前を入力します（**図6**）。［〜〜枚の選択した写真を含める］にチェックが入っていると、あらかじめ選択した画像が［アルバム］作成と同時に登録されます。

ここでは、「山の写真」という［アルバム］が作られました（**図7**）。あとから、画像を選んでこのアルバムにドラッグ＆ドロップして登録することもできます。

図5　［アルバムを追加］をクリック

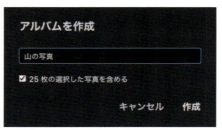

図6　［アルバム］の名前を入力

［アルバム］欄の［＋］ボタンをクリックすると、［アルバム］の他に［フォルダー］も作成できます。［フォルダー］は［アルバム］をまとめる上位階層になります（**図8**）。

**図7** ［アルバム］が作られた

**図8** フォルダーの階層構造

## 03 フラグやレーティングを付ける

画像を細かくセレクトする際に利用するのが［フラグ］や［レーティング］です。［フラグ］には「採用」と「除外」があり、［レーティング］では、★（1つ星）から★★★★★（5つ星）を付けることができます。ひとつひとつの画像に目印として［フラグ］や［レーティング］を付けておくと、あとから必要な画像だけを瞬時に表示させることができます。［正方形グリッド］の場合、［フラグ］や［レーティング］は、サムネール画像の下部に付けることができます（**図9**）。また、右クリックメニューや［写真］メニューなどからでも可能です（**図10**）。［レーティング］や［フラグ］を使って画像を絞り込むには、［検索の絞り込みツールバー］を表示し、［レーティング］や［フラグ］の条件を指定します。**図12**は「★★★★」をクリックして「4つ星以上」を表示させている様子です。絞り込みを解除するには［初期化］をクリックします。

図9 ［レーティング］を付ける

図11 ［レーティング］を付けた状態

図10 右クリックメニューからレーティングを付けることもできる

図12 ［レーティング］や［フラグ］を使って画像を絞り込む

## 04 Adobe Senseiを使った検索

特にキーワードなどを画像に紐付けしなくても、画像の内容をAIが分析、分類してくれる機能がAdobe Sensei（の機能の一部）です。［検索バー］に例えば「船」と入力すると、船が写った画像を見つけ出し表示してくれます（**図13**）。AIのすごさを実感できます。ただし、この機能を使うにはPCがインターネットに接続されていることが条件です。検索結果は完璧ではありませんが、それでも写真を探すのに便利な機能です。

図13 Adobe Sensei

277

# APPENDIX 03 画像の現像

Lightroom CCの現像機能は、Lightroom Classic CCとほぼ同等のものがそなわっており、表現豊かな現像を行うことができます。高度な調整が可能でありながら、操作そのものは簡単なのもLightroom CCの特徴です。

## 01 現像するための各種の機能

画像を現像するには、右端に縦に並ぶ現像関連のいずれかのボタンをクリックします。

上から基本的かつ多様な現像機能が収められている［編集］、トリミングを行う［切り抜きと回転］、ゴミ取りを行う［修復ブラシ］、部分補正のための［ブラシ］と［線形グラデーション］と［円形グラデーション］です。最後の［…］は、元画像の表示や、設定のコピー＆ペーストが行えます。

また、各パネルの上部にアイコンが表示されているものは、オプション機能が利用できます。たとえば［編集］の［ライト］には［トーンカーブ］のボタンがありますが、これをクリックすると［トーンカーブ］が表示され利用できるようになります。

名称やグループ分けが異なっているものもありますが、現像機能はLightroom Classic CCとほぼ同等です。

なお、インターネットに接続していなくても現像可能です。インターネットに再接続した際にその設定がクラウドに保存されます。

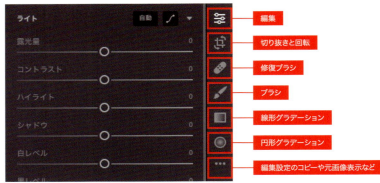

**図1** Lightroom CCでの現像作業画面

**図2** ［トーンカーブ］をクリック

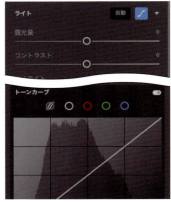

**図3** ［トーンカーブ］の操作画面

## 02 現像の調整例1

画像全体の明るさやコントラストを調整した上で、それでも暗い遠景の山を［ブラシ］を使って部分補正しています。

図4 現像前

図5 現像後

### STEP 1

［編集］の［ライト］で［露光量］［コントラスト］［シャドウ］をいずれもプラス側に調整し、明るくメリハリのある画像に変えます。なお、ヒストグラムは画面右の［…］をクリックすると現れるメニューで表示できます。

### STEP 2

［編集］の［効果］で［明瞭度］をプラス側に調整し、被写体の精細感や質感を向上させます。

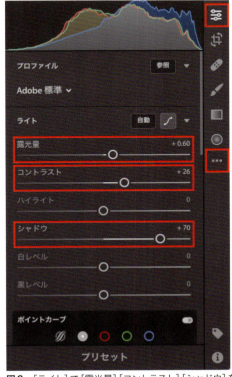
図6 ［ライト］で［露光量］［コントラスト］［シャドウ］をいずれもプラス側に調整

図7 ［明瞭度］をプラス側に調整

::: STEP 3

［ブラシ］で［露光量］［コントラスト］［シャドウ］をプラス側に調整した上で、遠景の山の範囲をドラッグし明るくしました。

図8　［ブラシ］で［露光量］［コントラスト］［シャドウ］をプラス側に調整

## 03　現像の調整例2

窓辺に置かれたガラスの花瓶と花。爽やかな朝をイメージして明るさや色補正を行いました。右上の不要なものはトリミングで隠しています。

図9　現像前

図10　現像後

::: STEP 1

［切り抜きと回転］を選び、［縦横比］を［元画像］にして上部が隠れるようにドラッグしてトリミングします。［完了］ボタンなどはなく、別の機能を選ぶと自動的に確定します。

図11　トリミング

### STEP 2

［トーンカーブ］を表示し、シャドウ端と中間付近をグッと上に持ち上げてハイキー調にします。同時にハイライト飛びを抑えるため［ハイライト］と［白レベル］をマイナスに調整します。

### STEP 3

［編集］の［カラー］を表示し、［色温度］を低めに、［色かぶり補正］をプラス側に調整し、全体に青と緑を強めています。朝の雰囲気を出す色作りです。

図12　［トーンカーブ］を操作

図13　［色温度］をマイナス側、［色かぶり補正］をプラス側に調整

#### 04　仕上げの画像を書き出す

仕上げた画像は、プリントはできず、JPEGまたは［元画像＋設定］として書き出すことができます。アカウントがあればFacebookに投稿することも可能です。画像を書き出すに

は、［共有］ボタンをクリックし［保存先］を選びます（**図14**）。ファイル形式は［JPEG］か［元画像＋設定］から選びます（**図15**）。JPEGの画質は選べず、サイズは［小］［フルサイズ］［カスタム］から選びます。

図14　［共有］ボタンをクリック

図15　［保存］メニュー

# 04 クラウドにまつわるあれこれ

モバイルでの使用を前提としているLightroom CCでは、画像データの扱いや同期に注意する必要があります。使用する前に、画像がクラウドに保存されることや、端末間の同期について理解しておきましょう。

## 01 元画像の保存先はクラウド、必要ならローカルにも

Lightroom CCで画像を追加すると、元画像がクラウドに保存されます。元画像がローカルのハードディスクに保存してあれば、クラウドとローカルの2カ所に同じ画像が保存されることになります。

しかし、PCにつないだメモリカードから画像を追加したような場合、元画像はクラウドにしか保存されません。それが不安な場合は、[環境設定]の[ローカルストレージ]で[すべての元画像を指定された場所に保存します。]にチェックを入れ、保存場所を指定してください。再起動すると、クラウドにあるすべての元画像を指定したフォルダーに複製します。この場合、同期しているモバイル端末で撮影された画像なども指定したフォルダーに保存されます。

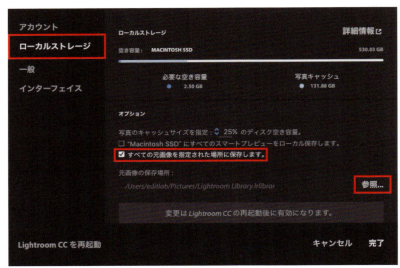

図1　ローカルストレージに保存する設定

## 02 Lightroom Classic CCとの同期

同じAdobe IDを使っているのであれば、Lightroom CCに追加した画像をLightroom Classic CCに同期させることができます。同期させるにはPCがインターネットにつながっていることを確認した上で、IDプレート部分をクリックし、[Lightroom CCと同期]を選んで同期を開始します。

同期では、RAWなどの元画像のダウンロードとレーティングや現像設定がコピーされます。同期している画像のサムネールには[←→]のマークが付きます。

同期後は、[カタログ]の[すべての同期済み写真]や、クラウドからの[写真を読み込みました]、[コレクション]の[Lightroom CCから]といったリストが追加され、それぞれをクリックして同期した画像を表示することができます。以降は、他の画像と同じようにレーティングを付けたり、現像調整を行ったりできます。行った操作はクラウドを介してLightroom CCにも反映されます。

ところで、画像の削除には注意が必要です。[ディスクから削除]を選ぶとローカルにダウンロードされた元画像だけでなく、クラウドに保存されている元画像も削除されてしまいます。大事な画像の場合は[除去]を選んでカタログから削除するか、元画像を削除するとしても別のフォルダーに画像をバックアップするなどしておいてください。

また、ある画像がすでにLightroom Classic CCに読み込まれている状態で、同じ画像をクラウドから同期すると仮想コピーになることにも留意してください。これは[カタログ]の[同期済みの重複写真]で確認できます。

図2 Lightroom Classic CC側でIDプレートをクリックし同期を開始

図3 同期が完了すると画像が表示される

以上の挙動は、Lightroom Classic CCの[環境設定]-[Lightroom 同期]の[Lightroom CCエコシステムの画像の場所を指定]にチェックが入っていない場合のものです。チェックを入れた場合、任意に指定したフォルダーに同期画像がダウンロードされます。

283

## 03 モバイル版Lightroom CCとの同期

スマートフォンやタブレットなどモバイル端末でもLightroom CCを利用することができます。アプリのダウンロード後、Lightroom CCと同じAdobe IDを入力します。通常は、初期設定で同期されるようになっています。同期しない場合は、モバイル版Lightroom CCの右上にある雲のアイコンをタップし、同期させてください。画像、レーティング、現像調整などがデスクトップ版Lightroom CCと同期されます。

同期後に行った操作は、もちろんモバイル版Lightroom CC、デスクトップ版Lightroom CC、そして同期していればLightroom Classic CCと同期されます。モバイル版のLightroom CCで右上の雲のアイコンをタップすると、同期しているかどうかわかります（図4）。図5はモバイル版Lightroom CCでの現像調整画面です。デスクトップ版のLightroom CCとインターフェースは似ており、操作は簡単かつ軽快です。

図4　同期しているかどうかのチェック

図5　モバイル版Lightroom CC

# 索 引

## ［数字］

2010 59
2012 59

## ［アルファベット］

Adobe Sensei 277
B&W 104
Camera Raw 11
Creative Cloud 272
DNG 形式でコピー 18
EV 値 83
Exif 54
GPS 情報 208
HDR 178
HTML ギャラリー 262
ID プレート 27
JPEG 55
K 80
Lightroom 10
Lightroom CC 272
Lightroom Classic CC 10
Lightroom プリセット 60
PDF 221
Photoshop 10
RAW 現像ソフト 11
TIFF 73
Upright（変形） 124
User Presets 61
Web モジュール 262
xmp ファイル 54
ZIP 形式 25

## ［ア行］

赤目修正 146
明るさや色のスポット補正（補正ブラシ） 150
アップロード設定 270
粗さ（効果） 138
アンバー 80
位置情報 208, 210
位置情報の削除 215
移動 18
糸巻き型 120
色温度（基本補正） 80
色かぶり 79
色かぶり補正（基本補正） 81
色かぶり補正（キャリブレーション） 139

色収差を除去（レンズ補正） 118
色ノイズ 116
色飽和 92
円形フィルター 148, 170
オーバーレイ 237
オプション 235
オフセット 130
音楽 240

## ［カ行］

回転（変形） 127
ガイド 255, 257
ガイド付き 124
顔検出 46
鍵 142
書き出し 73
書き出しボタン 242
拡大・縮小（変形） 129
拡大倍率 36
拡張セル 35
角度補正 143
かすみの除去（基本補正） 90
画像情報 37, 269
カタログ 15, 22
カタログ設定 26
カラー 103
カラー（ディテール） 115
カラーパレット 105, 267
カラーマネージメント 258
カラーラベル 40
キーワード 51
輝度（HSL） 102
輝度（ディテール） 112
切り抜き 142
切り抜き後の周辺光量補正 131
切り抜きを制限 126
クイックスライドショー 234
クラウド 282
グラデーション 238
グリッド 257
グリッド表示 35
クリッピング 87
黒レベル（基本補正） 88
現在の画像用の設定 252
現像モジュール 58
コピー 18, 70
コピースタンプ（スポット修正） 144
コレクション 48

285

# INDEX

コントラスト（基本補正） ― 84
コントラスト（ディテール） ― 114
コンパクトセル ― 35

[サ行]

サイズ（効果） ― 137
サイズ（補正ブラシ） ― 152
再生 ― 241
再生ボタン ― 242
彩度（HSL） ― 101
彩度（基本補正） ― 92
彩度（明暗別色補正） ― 106
サイト情報 ― 266
採用フラグ ― 39
サブフォルダー内の写真を表示 ― 19
サムネールプリント ― 248
参照ビュー ― 72
色相（HSL） ― 100
色相（明暗別色補正） ― 105
色度座標値（キャリブレーション） ― 140
自然な彩度（基本補正） ― 91
自動補正（基本補正） ― 82
自動マスク（補正ブラシ） ― 156
自動レイアウト ― 223
写真内をドラッグして色相を変更 ― 100
シャドウ（基本補正） ― 86
シャドウ（トーンカーブ） ― 96
修復（スポット修正） ― 145
出力設定 ― 269
種類 ― 226
定規 ― 257
除外フラグ ― 39
処理（キャリブレーション） ― 76
処理バージョン ― 59
白黒ミックス（B&W） ― 104
白レベル（基本補正） ― 87
人物表示 ― 46
垂直方向（変形） ― 125
水平方向（変形） ― 126
透かし ― 28
スナップショット ― 62
スマートコレクション ― 49
スマートプレビュー ― 16
スライドショーモジュール ― 230
セル ― 225, 257
選別表示 ― 45
外付けハードディスク ― 13

[タ行]

ダーク（トーンカーブ） ― 95
タイトル ― 240
縦横比（変形） ― 128
樽型 ― 120
段階フィルター ― 147, 166
チャンネル（トーンカーブ） ― 99
中心点（効果） ― 132
中心点（レンズ補正） ― 123
追加 ― 18
ツールバー ― 30
ディープシャドウ ― 88
体裁設定 ― 268
ディテール（ディテール） ― 110
ディテールの補正（補正ブラシ） ― 151
テキスト ― 225
テキストオーバーレイ ― 238
適用量（効果） ― 131
適用量（ディテール） ― 108
適用量（レンズ補正） ― 122
テンプレート ― 230
テンプレートブラウザー ― 234, 251
透明感 ― 198
トーンカーブ ― 93
トラックログ ― 216

[ナ行]

ナビゲーター ― 30
ノイズ ― 194
ノイズ軽減（ディテール） ― 112

[ハ行]

バージョン4 ― 59
パース ― 124
ハイエストライト ― 87
背景 ― 227, 238
背景画像 ― 239
ハイライト（基本補正） ― 85
ハイライト（効果） ― 135
ハイライト（トーンカーブ） ― 93
パネルグループ ― 31
バランス（明暗別色補正） ― 107
範囲マスク ― 149, 202
半径（ディテール） ― 109
比較表示 ― 43
ピクチャフォルダー ― 15
ヒストグラム ― 84, 141
ヒストリー ― 64

| | |
|---|---|
| ピント感 | 161 |
| フィルターバー | 33 |
| フィルタリング | 38 |
| フィルムストリップ | 30 |
| フォトプラン | 272 |
| フォルダーの移動 | 21 |
| フォルダーの削除 | 21 |
| フォルダーの同期 | 20 |
| ブックモジュール | 218 |
| 部分補正の範囲マスク | 149 |
| フラグ | 39 |
| プリセット | 60 |
| フリンジ除去（レンズ補正） | 121 |
| プリント解像度 | 258 |
| プリントジョブ | 258 |
| プリントモジュール | 244 |
| フレーム切り抜きツール | 142 |
| プレビューボタン | 242 |
| プロファイル | 260 |
| プロファイル（基本補正） | 77 |
| プロファイルブラウザー（基本補正） | 78 |
| プロファイル補正を使用（レンズ補正） | 119 |
| 分割コントロール | 95 |
| ページ | 224, 256 |
| ページの削除 | 227 |
| ペースト | 70 |
| ポイントカーブ編集（トーンカーブ） | 98 |
| ポイントカーブメニューのオプション（トーンカーブ） | 97 |
| ぼかし（効果） | 134 |
| ぼかし（補正ブラシ） | 153 |
| 補正前後の状態を比較 | 66 |
| 補正ブラシ | 150, 174 |
| ホワイトバランス | 79 |

## ［マ行］

| | |
|---|---|
| マーキング | 38 |
| マイロケーション | 212 |
| マスク（ディテール） | 111 |
| まだら状の色ノイズ | 117 |
| マップモジュール | 208 |
| 丸み（効果） | 133 |
| 密度（補正ブラシ） | 155 |
| 明瞭度（基本補正） | 89 |
| メタデータ | 54 |
| メタデータパネル | 54 |
| モジュール | 11 |
| モジュールピッカー | 11, 30 |
| モノクロ | 104 |
| モバイル版 | 284 |

## ［ヤ行］

| | |
|---|---|
| ユーザープリセット | 61 |
| ゆがみ（レンズ補正） | 120 |
| 読み込みの設定 | 16 |
| 読み込み方式 | 12 |

## ［ラ行］

| | |
|---|---|
| ライト（トーンカーブ） | 94 |
| ライブラリモジュール | 30 |
| 粒子 | 136 |
| 流量（補正ブラシ） | 154 |
| ルーペ表示 | 36 |
| レイアウト | 219, 236, 254 |
| レイアウトスタイル | 251, 265 |
| レイアウトのコピー | 227 |
| レーティング | 41 |
| 露光量（基本補正） | 83 |

[著者略歴]
**吉田 浩章**（よしだ ひろあき）
パソコン雑誌やDTP雑誌などの編集を経てフリーランスのライターに。編集者時代から仕事と趣味の両方で写真を撮り始め、画像のデジタルへの移行とともにPhotoshopをマスターし、Photoshop関連の書籍の執筆も多数。Lightroomとの本格的な付き合いはバージョン3から。写真を管理し、必要に応じて取り出し、現像するために、Lightroomはいつも起動状態。Lightroomセミナーの講師なども務める。

| | |
|---|---|
| ●カバー | ライラック |
| ●本文デザイン | ライラック、技術評論社　制作業務部 |
| ●DTP | 技術評論社　制作業務部 |
| ●編集 | 土井清志 |
| ●モデル | 亜里沙 |
| ●技術評論社ホームページ | http://book.gihyo.jp |

## プロフェッショナルワークショップ
## Lightroom　[Classic CC対応版]

2018年 6月22日　初版　第1刷発行
2021年 4月21日　初版　第2刷発行

著者　吉田 浩章（よしだ ひろあき）
発行者　片岡 巌
発行所　株式会社技術評論社
　　　　東京都新宿区市谷左内町21-13
　　　　電話　03-3513-6150　販売促進部
　　　　　　　03-3513-6160　書籍編集部
印刷／製本　大日本印刷株式会社

定価はカバーに表示してあります。

本書の一部または全部を著作権法の定める範囲を超え、無断で複写、複製、転載、テープ化、ファイルに落とすことを禁じます。

©2018　吉田浩章

造本には細心の注意を払っておりますが、万一、乱丁（ページの乱れ）や落丁（ページの抜け）がございましたら、小社販売促進部までお送りください。送料小社負担にてお取り替えいたします。

ISBN978-4-7741-9827-9　C3055
Printed in Japan

■お問い合わせについて
本書の内容に関するご質問は、下記の宛先までFAXまたは書面にてお送りください。なお電話によるご質問、および本書に記載されている内容以外の事柄に関するご質問にはお答えできかねます。あらかじめご了承ください。またFAX番号は変更されていることもありますので、ご確認の上ご利用ください。

〒162-0846
東京都新宿区市谷左内町21-13
株式会社技術評論社　書籍編集部
「プロフェッショナルワークショップ　Lightroom [Classic CC対応版]」質問係
FAX 番号　03-3513-6167

なお、ご質問の際に記載いただいた個人情報は、ご質問の返答以外の目的には使用いたしません。また、ご質問の返答後は速やかに破棄させていただきます。